Pascal Ackerschott
Katharina Böhnke
Hannah Robold

# DESIGN THINKIT

## *Das Toolkit für die Konzeption und Moderation eigener Design-Thinking-Workshops*

2. Auflage

Schäffer-Poeschel Verlag Stuttgart

*Bibliografische Information der Deutschen Nationalbibliothek*

Die Deutsche Nationalbibliothek verzeichnet diese Publikation in der Deutschen Nationalbibliografie; detaillierte bibliografische Daten sind im Internet über *http://dnb.dnb.de* abrufbar.

Print: ISBN 978-3-7910-5194-9 Bestell-Nr. 10577-0002

Pascal Ackerschott/Katharina Böhnke/Hannah Robold
**DESIGN THINKIT**
2. Auflage, Januar 2022


www.schaeffer-poeschel.de
service@schaeffer-poeschel.de

Covergestaltung und Illustrationen: Hannah Robold
Mitarbeit Gestaltung: Kamila Wabnik
Produktmanagement: Dr. Frank Baumgärtner
Lektorat: Claudia Dreiseitel, Petra Bandl



Schäffer-Poeschel Verlag Stuttgart
Ein Unternehmen der Haufe Group SE

# HELLO.

*Lionel Richie*

Wie schön, dass ihr loslegen wollt! Diese Broschüre gibt euch all das an die Hand, was ihr braucht, um Anderen die Grundidee des Design Thinkings zu vermitteln. Sie ist eine ausformulierte Tonspur unserer eigenen Design-Thinking-Einführungen.

Die beiliegenden Methodenbögen sind die Essenz unserer langjährigen Design-Thinking-Praxis. Es gibt unzählige alternative Methoden, aus denen ihr wählen könnt. Weil aber gerade die Auswahl der richtigen Methode zu Beginn schwer fällt, reduzieren wir diese Fülle auf die notwendigen Basics und unsere absoluten Favoriten, mit denen ihr fast jeden Workshop meistern könnt. Los geht's!

# VORWORT

Am Anfang eines Design-Thinking-Prozesses steht in der Regel eine offene Problemstellung. *Wie können wir die Produktpalette erweitern? Wie können wir ältere Menschen nach einer Hüftoperation in ihrem Alltag unterstützen? Welche neuen datenbasierten Geschäftsmodelle lassen sich mit unseren bestehenden Datensätzen entwickeln?* Mit der Innovationsmethode *Design Thinking* versuchen Teams in den unterschiedlichsten Organisationen auf solche offenen Problemstellungen Antworten zu finden.

Mit dem Wunsch nach neuen Produkten, Dienstleistungen oder Strategien starten viele Teilnehmer_innen ihren ersten Design-Thinking-Workshop und stellen fest, dass das Endergebnis alleine nicht die zentrale Erkenntnis darstellt. Neben Lösungsideen, entsteht durch Design Thinking ein besseres Verständnis der eigenen Nutzer_innen, ein gemeinsames Verantwortungsgefühl innerhalb des Teams und nicht selten die Erkenntnis, lange nicht mehr mit so viel Leidenschaft und Dynamik bei der Arbeit gewesen zu sein.

So erging es auch uns, als wir das erste Mal mit Design Thinking in Kontakt kamen. Im Rahmen eines mehrwöchigen Seminars machten wir als Teilnehmende unsere ersten Erfahrungen und beschlossen am Ende des Projekts: »Das wollen wir weiterverfolgen – das können wir auch!«

Wir veranstalteten kurzerhand unsere ersten eigenen Design-Thinking-Workshops. Freunde, Bekannte und Menschen, die wir noch kurzerhand vor unserem Workshop-Space angeworben haben, durften wahlweise an der »Breakfast-Experience« oder der »E-Waste-Challenge« teilnehmen. Diese zweistündigen Workshops waren ein großer Erfolg. Nicht nur auf uns wirkten sie wie ein Brandbeschleuniger: Viele unserer frühen Workshopteilnehmer_innen sind im Anschluss selbst zu Design Thinkern geworden. Wir waren begeistert und freuten uns über all die neuen Mitstreiter_innen, die jetzt ihrerseits selbstbewusst sagten: »Das können wir auch!«

Seither geht es uns in der Vermittlung von Design Thinking an erster Stelle darum, Teilnehmer_innen dazu zu befähigen, diese Methode selbst anwenden zu können. Jede Überhöhung von Design Thinking, jede unnötige Abgrenzung zu anderen Herangehensweisen steht diesem Ziel im Wege. Design Thinking ist nichts alleinstehendes, keine Prophezeiung unter den Innovationsmethoden. Gerade im Zusammenspiel mit anderen Ansätzen entfaltet sich das volle Potenzial einer neuen Innovationskultur. Für uns ist es ein idealer Startpunkt für Erneuerung: auf Produkt-, Prozess- und Organisationsebene.

Wenn ihr zu denjenigen gehört, die bereits nach ihren ersten Design-Thinking-Erfahrungen Feuer und Flamme waren, die selbst ein Team coachen wollen und mutig sagen: »Das können wir auch!« – dann haben wir **THINKIT** genau für euch entwickelt.

**TIPP**

*Dieses Methodenset geht weit über seine gedruckte Version hinaus! Besucht das digitale* **THINKIT** *unter www.design-thinkit.de. Hier findet ihr neben nützlichem Design-Thinking-Wissen, -Neuigkeiten oder praktischen Links auch einen Überblick über alle Methoden und unsere* **DO not COPY!** *-Vorlagen (Rückseiten der Methodenbögen) in digitalen Formaten sowie Ankündigungen über unsere aktuellen Fortbildungen zum Thema.*

## DANK

Besonderer Dank bei der Mitgestaltung von **THINKIT** gilt (in alphabetischer Reihenfolge) Familie Ackerschott, Manuel Borgholte, Anna Erbacher, Julia Lautenschläger, Wilhelm Rinke, Marie Rosswog, Timon Schinke, Jasemin Seven, Tobias Storz, Kamila Wabnik, David Weigend, Anne Weingarten sowie all den zahlreichen Test-Nutzer_innen, die uns mit ihrem konstuktiven Feedback immer wieder unterstützt haben.

# INHALT

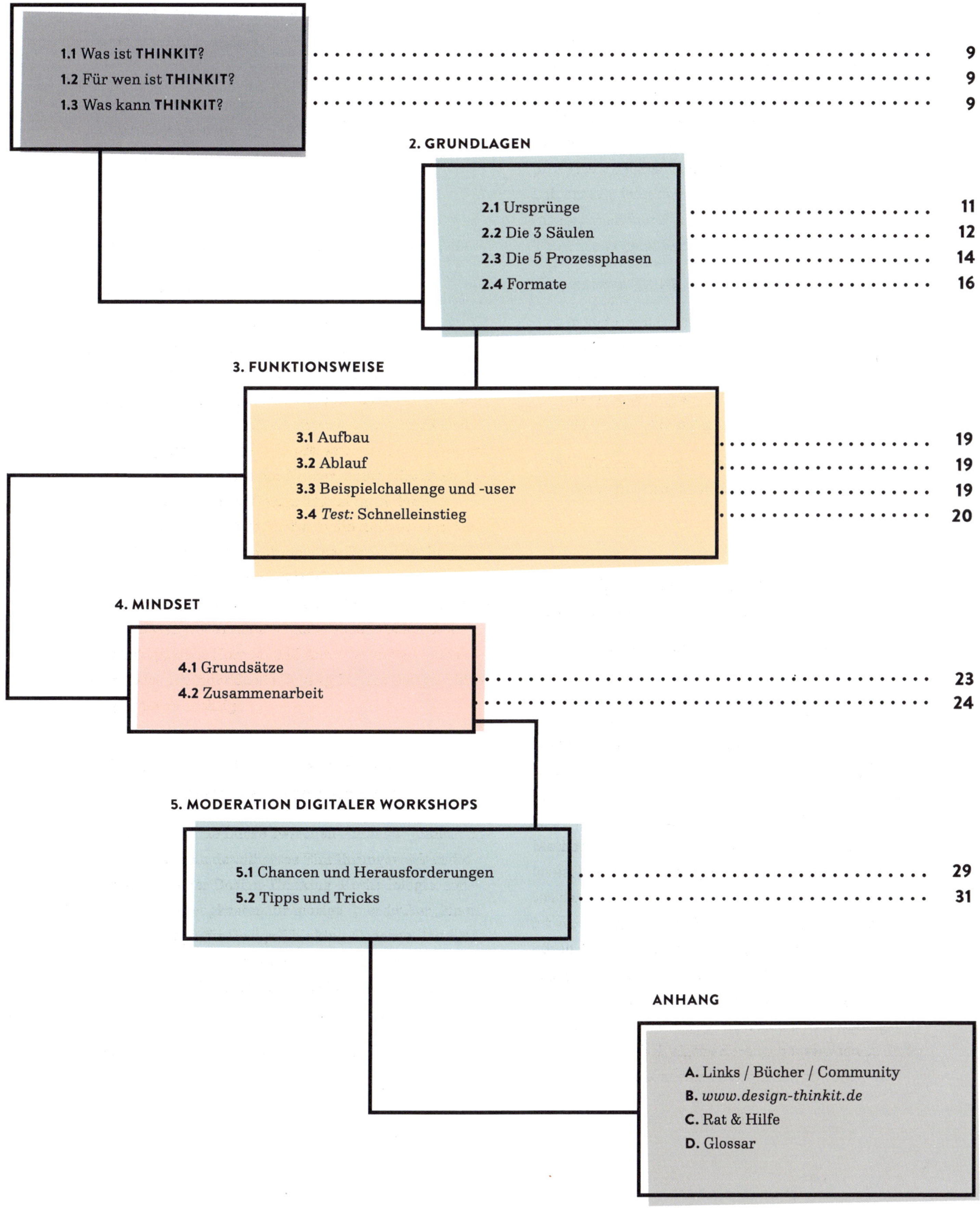

## 1. ÜBER *THINKIT*

## 1.1 WAS IST THINKIT?

**THINKIT** ist euer methodischer Allround-Werkzeugkasten: Es gibt jedem Design Thinker die grundlegenden Mittel an die Hand, um direkt durchzustarten.
Jede der 20 Methoden setzt sich zusammen aus den folgenden Bestandteilen:

- stichpunktartige Zusammenfassung
- Anwendungsbeispiel
- konkrete Anleitung
- Kopiervorlage

Anhand des Beispielprojekts *Mobilität der Zukunft* erklärt sich die Funktionsweise jeder Methode fast von selbst. Durch den stringenten Aufbau des Kits und die klare Verortung jeder Methode im Design-Thinking-Prozess wird die Orientierung innerhalb von **THINKIT** kinderleicht – egal, zu welchem Zeitpunkt im Arbeitsprozess **THINKIT** zu Rate gezogen wird. Es zeigt anschaulich und kompakt, wie sich Arbeitsweisen aus dem Design Thinking zielgerichtet einsetzen lassen, um Innovationen Substanz und Kraft zu verleihen – damit sich nichts in einer Lösung erschöpft, sondern nachhaltig auf allen Ebenen zugunsten der Nutzer_innen wirken kann. Das Entscheidende am Design Thinking ist der Prozess als Ganzes, nicht der individuelle Aufbau oder das korrekte Ausfüllen eines Templates. Darum möchten wir dazu ermutigen, unsere Templates jederzeit zu verändern, das Set zu ergänzen und es an den eigenen Bedürfnissen weiterzuentwickeln. Jede Problemstellung hat spezielle Heraus- und Anforderungen – genau deshalb ist der individuelle Zugang für das Design-Thinking-Team so wichtig.

## 1.2 FÜR WEN IST THINKIT?

*Thinkit* schließt die Lücke zwischen Anfänger_innen und Profis: Es ist kein detailliertes Einführungswerk in die Hintergründe der Design-Thinking-Methodologie, sondern ein Werkzeugkasten für mutige Querdenker_innen – anders gesagt: für Design-Thinking-Coaches. Jede_n, die_der diese Coaching-Rolle in einem Innovationsteam übernehmen will, ermutigen wir, einfach ins kalte Wasser zu springen. Übung macht den_die Meister_in!

Zum ersten Ausprobieren eignen sich z. B. Kennenlern-/Probeworkshops (für diejenigen, die auf Nummer sicher gehen wollen: im Freundeskreis oder mit eingespielten Arbeitsgruppen), danach empfehlen wir den Einsatz des **THINKIT** im Kontext erster Kreativphasen und mit wachsender Erfahrung und Selbstvertrauen im Rahmen größer angelegter Innovationsprojekte. Dank detailreicher, präziser Anleitungen hilft **THINKIT** einerseits, unbekannte Methoden von Grund auf zu verstehen, andererseits dient es dazu, neue Facetten an vertrauten Methoden (wieder-)zuentdecken und bewährte Arbeitsprozesse aufzufrischen. Es behält verbreitete Namen bei, um Wiedererkennbarkeit und eine Anschlussfähigkeit an andere Publikationen zum Thema Design Thinking zu garantieren.

*Wie und wo ist* **THINKIT** *anwendbar?*

- in kleinen bis mittleren Teams im Arbeitskontext
- als Unterstützung für Workshopleiter_innen
- für die Herausforderungen des Alltags
- als Nachschlagewerk/Grundlagensammlung
- als Unterrichtsmaterial

**THINKIT** funktioniert sowohl in den Händen einer Führungskraft als auch in nicht-hierarchischen Kontexten.

## 1.3 WAS KANN THINKIT?

*Thinkit stellt das Handwerkszeug zur Verfügung – aber um etwas zu verändern, muss es auch genutzt werden.*

Je nach Herausforderung kann das **THINKIT** individuell zum Einsatz kommen: Die Methoden können einerseits konkret nach dem Vorbild des Design-Thinking-Prozesses von vorn nach hinten durchgearbeitet werden, andererseits kann eine Auswahl getroffen oder nur eine Methode aus dem Kontext genommen werden – das Ziel ist es, innovative Lösungen außerhalb alter Gewohnheiten zu entdecken. Auf dem Cover der Methodenbögen ist vermerkt, welcher Design-Thinking-Phase sie angehören. **THINKIT** bietet Einsteigern_innen wie alten Hasen genug Sicherheit, um im geschützten Rahmen Neues auszuprobieren. Es kann aber auch schonungslos an eigene Bedürfnisse angepasst werden. Anwendungsbeispiele helfen dabei, eigene Herangehensweisen zu finden und an echten Herausforderungen auszuprobieren.

# 2. GRUNDLAGEN

## 2.1 URSPRÜNGE

Um den Begriff *Design Thinking* ist in den vergangenen Jahren ein enormer Hype entstanden, doch die Ursprünge und prägenden Einflüsse gehen weit zurück in die erste Hälfte des vergangenen Jahrhunderts. Vieles in der Design-Thinking-Methodologie kommt uns deshalb vertraut vor. Als Einsteiger_in fühlt man sich häufig an frühere Erfahrungen erinnert. Das ist kein Zufall. Design Thinking baut auf den Grundsätzen verschiedener Disziplinen und Methoden auf.

Die Wurzeln gehen bis auf das Bauhaus und dessen Gründer Walter Gropius zurück. Die Verbindung von Kunst und Handwerk, die Interdisziplinarität der Lehre sowie die Fokussierung auf die Funktionalität und damit auf den_die Nutzer_in prägen den modernen Designbegriff und damit auch Design Thinking bis heute.
Viele Methoden, wie das Brainstorming oder das Prototyping, haben eine lange Geschichte und wurden im Design Thinking als zentrale Elemente integriert. Auf den Werbefachmann Alex F. Osborn geht beispielsweise nicht nur das Ende der 1940er Jahre entwickelte Brainstorming zurück, sondern auch viele der Design-Thinking-Leitsätze. Das beiliegende Poster fasst diese als acht Regeln zusammen. Es ist euer Tool, um die Leitsätze in Workshops für alle Teilnehmenden präsent zu haben. Hängt es deshalb für alle sichtbar im Raum auf.
In seiner derzeitigen Form geht Design Thinking auf die Produktdesign-Agentur *IDEO* zurück. Mit der Gründung der *d.school Stanford* im Jahr 2003 und der dort entwickelten Seminare bzw. Weiterbildungsformate fand ein ursprünglich designbasierter Arbeitsansatz seinen Weg in Tech-Start-ups, NGOs sowie die Büros klassischer deutscher Maschinenbauer_innen.

Die Entwicklung der vergangenen 10 bis 15 Jahre ist nicht ohne parallele Konzepte zu verstehen, die sich im Umfeld von *Agile, Scrum, Lean Startup* und Co. entwickelt haben. Ebenfalls aus Stanford stammt beispielsweise die auf Robert H. McKim zurückgehende Kreativitäts-Methode *Visual Thinking*. All diese Konzepte beeinflussten sich gegenseitig, beschleunigt durch den Megatrend Digitalisierung und die wachsende Start-up-Kultur weltweit.

Die vielfältigen Ursprünge sind ein entscheidender Erfolgsfaktor des Design Thinkings und der Grund, warum nicht nur Designer_innen ihre eigene Arbeitsweise in der Methodologie wiedererkennen. In die DNA des Prozesses eingebaut ist der Wechsel aus divergenten und konvergenten, kreativ-intuitiven und sachlich-analytischen Denkmodi. So kann jede_r zu unterschiedlichen Zeitpunkten die eigenen Stärken ausspielen und sich in persönlich herausfordernden Momenten von den übrigen Teammitgliedern tragen lassen.
Diese Anschlussfähigkeit in multidisziplinären Teams und zu anderen Innovationsmethoden ist ein weiterer Erfolgsfaktor der Methode. Mit dem Blick auf eine moderne Teamarbeit gerichtet, geht es im Design Thinking nicht nur um die Suche nach Produkt- oder Serviceinnovationen, sondern auch um einen wichtigen Paradigmenwechsel. Die Methode ist eine Antwort auf die Frage, wie wir in Zukunft zusammenarbeiten wollen: holistisch multidisziplinär, wertschätzend auf Augenhöhe und mit den Bedürfnissen der Nutzer_innen im Fokus.

Es ist gut zu wissen, wo *Design Thinking* herkommt, um den Teilnehmer_innen des eigenen Workshops einen Überblick verschaffen zu können. Sie müssen die Methode dabei nicht komplett verinnerlicht haben, um auf großartige Ideen zu kommen, aber es hilft, wenn sie vor dem Workshop-Start einen Rundumblick über das große Ganze bekommen. Je niedriger die Einstiegshürde, desto besser. Hat man dann die Basics, wie sie auf den kommenden Seiten zusammengefasst sind, einmal vermittelt, ist das Spielfeld vorbereitet. Von diesem Zeitpunkt an zählen Einsatz und Organisation des Coaches und seines Teams. Was daraus gemacht wird, liegt in den Händen der Menschen auf diesem Spielfeld. Wir ermutigen alle dazu, sich Design Thinking zu eigen zu machen, es den eigenen Bedürfnissen entsprechend anzupassen, Methoden weiterzuentwickeln und mit der weltweiten Community der Design Thinker im Austausch zu bleiben.

## 2.2 DIE 3 SÄULEN

Der Design-Thinking-Prozess basiert auf den drei tragenden Säulen: Team, Raum und Prozess. Sie spielen in ihrer Individualität zusammen zu einem Ganzen und ermöglichen vor allem ein freies Denken und Kreieren, das im regulären Arbeitsalltag so meist nicht möglich gewesen wäre.

### 2.2.1 TEAM

Ein Design-Thinking-Team sollte in der Regel möglichst heterogen zusammengestellt sein. Nur so lässt sich gewährleisten, dass während des Prozesses möglichst viele Perspektiven auf die Aufgabenstellung zu Wort kommen. Vielfalt ist immer der Leitgedanke bei der Zusammenstellung eines Design-Thinking-Teams – ganz besonders deshalb, weil eine wirklich zu 100 % multidisziplinär und demographisch ausgeglichene Teamzusammenstellung in der Realität eine echte Herausforderung darstellt.

Unabhängig vom jeweiligen Background, sind bei der Auswahl der individuellen Design-Thinking-Teammitglieder die folgenden drei Faktoren besonders wichtig:

- intrinsische *Motivation*
- fachliche *Expertise*
- praktische *Erfahrung*

Heterogene Teams erfordern von den Teilnehmer_innen, die eigene Rolle neu zu finden und gewohnte Hierarchien hinter sich zu lassen. Das Team kann so zur Keimzelle für ein umfassendes organisationales Umdenken werden, das ansteckt. Angestiftet von Einführungsworkshops integrieren die Neu-Pioniere die erlernten Methoden in längerfristige Projekte und formen damit schließlich die gesamte Kultur einer Organisation um. Gelebtes Design Thinking schafft dabei immer wieder individuelle Wege, die die Bedürfnisse des_der Einzelnen sowie der Organisationskultur berücksichtigen und so zum Erfolg werden.

### 2.2.2 RAUM

Kreativität und Innovation brauchen *Freiraum*, an dieser Tatsache ist nicht zu rütteln. Dieser Satz geht uns so leicht von den Lippen, dass wir fast übersehen, wie viel Schlagkraft er in unserem Arbeitsleben besitzen könnte. Freiraum zu kultivieren bedeutet, Umgebungen zu schaffen, die sowohl auf physischer als auch auf soziokultureller und organisationaler Ebene zum Umdenken einladen. Da ist zum einen der *physische Raum*: Ein klassischer Design-Thinking-Space besteht aus einem Stehtisch im Zentrum, Whiteboards und einem reichen Fundus an Prototyping- und Meeting-Materialien. Seine wichtigste Eigenschaft ist *Flexibilität*: Das Kreativteam muss sich den Raum zu eigen machen können. Dabei stören klassische Konferenztische in Übergröße und zu bequeme Stühle nur – je offener sich die räumliche Situation erweist, desto besser!
Genauso wie der physische Raum im Idealfall das »Um die Ecke-Denken« in den Köpfen der Teammitglieder fördert, beeinflussen auch *soziokulturelle* und *organisationale Faktoren* das kreative Umfeld. Eine gezielte Gestaltung der Arbeitsatmosphäre durch gemeinsam festgelegte Regeln und Werte sowie die Einigung auf geeignete Abläufe und Strukturen können den Gestaltungsraum, in den Köpfen der Teammitglieder, weit öffnen.

## 2.2.3 PROZESS

Es gibt verschiedene Versionen des Design-Thinking-Prozesses. **THINKIT** nutzt den fünfschrittigen Prozess mit den Phasen *Empathize, Define, Ideate, Prototype* und *Test* (im Deutschen: *Empathie entwickeln, Sichtweise definieren, Ideen finden, Prototypen entwickeln* und *Testen)*. Diese fünf Schritte basieren auf der gemeinsamen Grundstruktur fast aller Kreativprozesse:

- *Iteration*, d.h. die Wiederholung einzelner oder mehrerer Prozessschritte
- dem Wechsel aus *divergentem und konvergentem Denkmodus*
- einem Fokus auf dem *Problemverständnis vor der Problemlösung.*

Diese Grundstruktur zielt darauf ab, gefährliche Klippen im Prozess von Beginn an zu umschiffen. Das Scheitern erster Ideen – und sei es zu Beginn noch so schmerzhaft – lehrt uns jedes Mal mehr über die Ursprungsproblematik und die tatsächlichen Bedürfnisse der Nutzer_innen. Das sensible Timing für erneute Iterationen und der richtige Übergang vom Verständnis zur Lösungsfindung sind essenziell für den Erfolg des Teams. Hartnäckigkeit zahlt sich aus, denn nur so können wirklich innovative Lösungen entstehen. Die Meinungen über den richtigen Zeitpunkt dafür gehen im Team häufig auseinander. »Analytisch« und »intuitiv« geprägte Herangehensweisen gilt es zu berücksichtigen und im richtigen Moment zu nutzen. Der Design-Thinking-Prozess macht sich diesen Wechsel zwischen den beiden Denkweisen im Besonderen zunutze: Der erste Schritt *Empathize* erfordert einen offenen Geist, aktives Zuhören und ein ungefiltertes Notieren möglichst vieler Informationen, er ist von *Divergenz* geprägt.
Erst in Schritt zwei, der die Sichtweise definiert, werden die zentralen Herausforderungen in einem bewertenden, konvergentem Syntheseprozess herausgearbeitet und eine gemeinsame Problemdefinition in den Fokus genommen.
Anschließend öffnet sich der Prozess für eine divergente *Ideenfindungsphase*. In diesem Denkmodus sind alle Ideen willkommen, je mehr und wilder, desto besser. Erst mit der *Entscheidung* für eine oder wenige Ideen ist wieder ein konvergenter Modus gefragt, bevor die ausgewählte(n) Idee(n) prototypisiert werden. Abgeschlossen wird dieser Prozessdurchlauf mit einer externen *Bewertung der Prototypen* durch Testnutzer_innen.

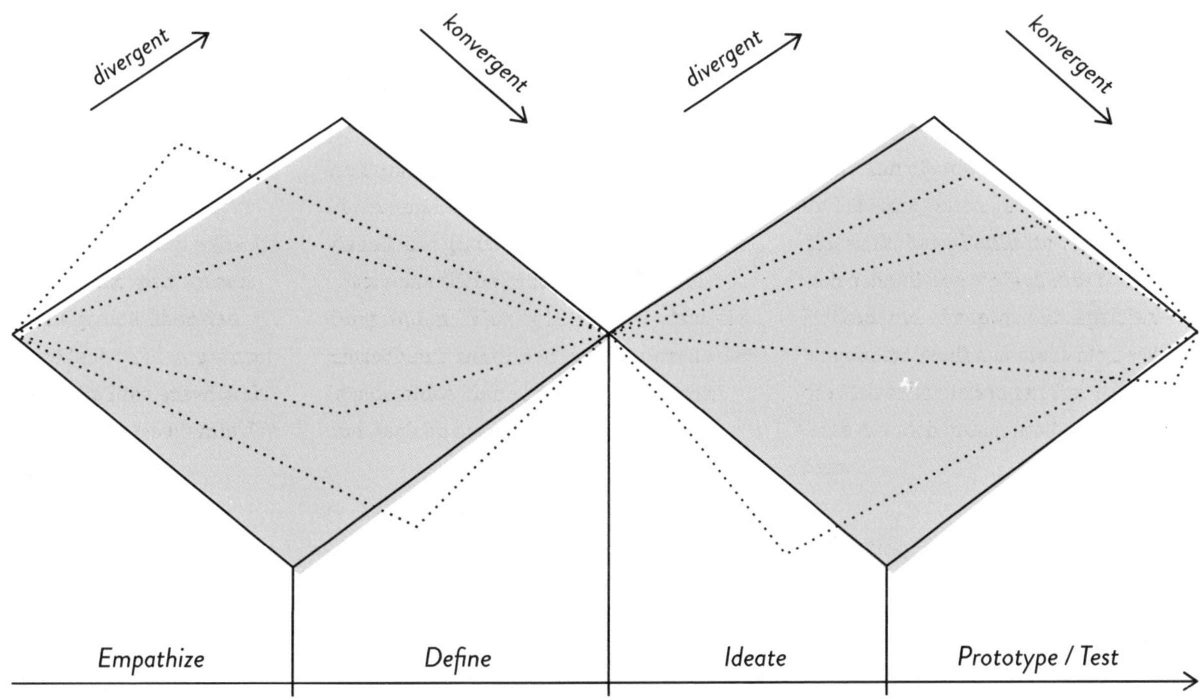

## 2.3 DIE 5 PROZESSPHASEN

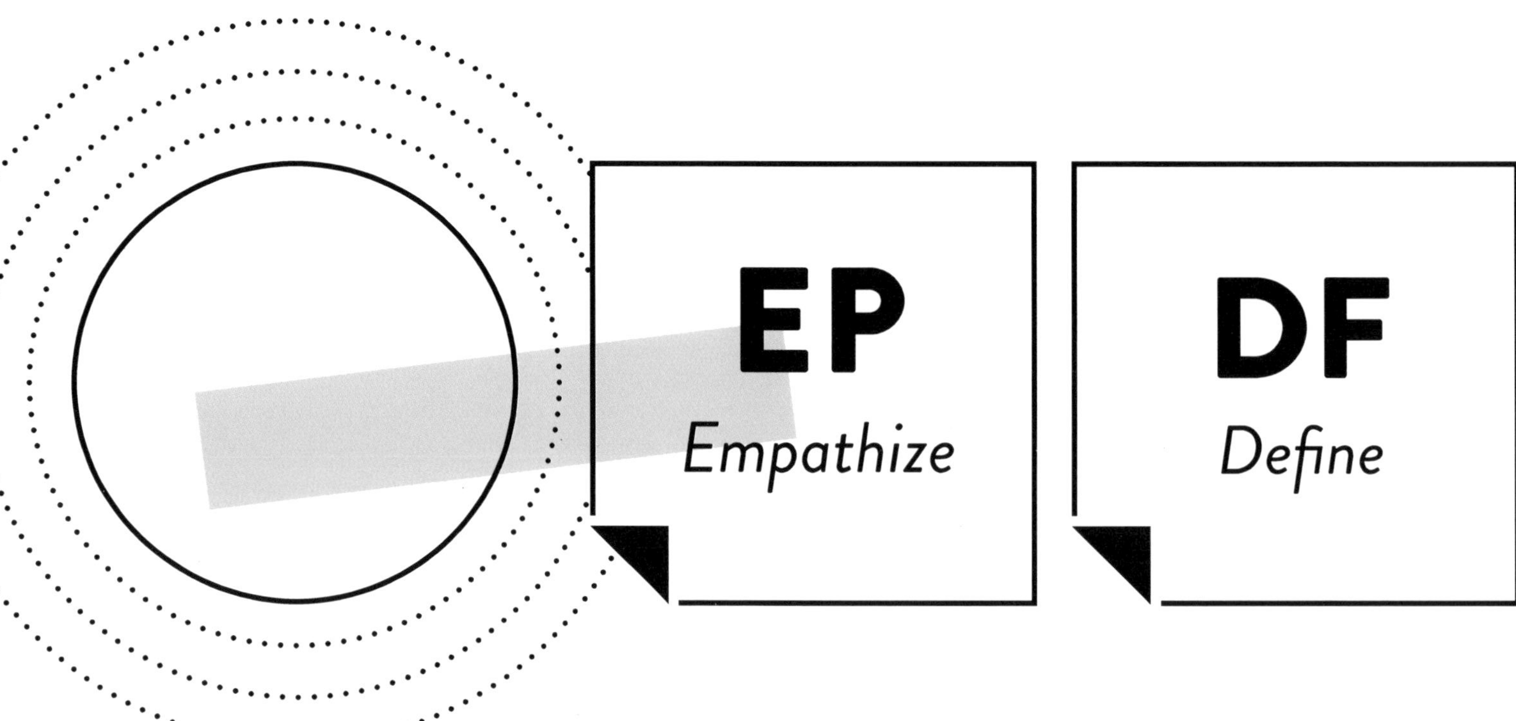


### BASICS

Vor dem eigentlichen Beginn des fünfschrittigen Design-Thinking-Prozesses wird das Team zusammengestellt, synchronisiert und auf das vorbereitet, was kommt. Durch die Vermittlung von Grundlagen der Arbeitsweise ist klar, wohin die Reise geht und wo der Fokus liegt.

**DESIGN THINKING** Leitsätze
Helikopter-Check-In
**DESIGN THINKING** Fast Track
Teamvertrag
Warm-ups

*Phase 1*

### EMPATHIZE

Der Prozess startet mit der klaren Formulierung einer Aufgabenstellung. Von dieser ausgehend erforscht das Team die Rahmenbedingungen und vielseitigen Dimensionen der Herausforderung, um das Spielfeld zu erschließen. Dabei liegt der Fokus darauf, schrittweise eine tiefe Empathie für die Nutzer_innen aufzubauen.

**01.** Status-quo-Raster
**02.** STEEP-Analyse
**03.** 5 Whys
**04.** 5 W-Fragen
**05.** Interview
**06.** A day in the life of ...

*Phase 2*

### DEFINE

Nach Phase 1 steht eine Vielzahl an Erkenntnissen zur Verfügung, die in dieser Phase zur Synthese gebracht und in einem gemeinsamen Standpunkt verdichtet werden – die relevanten Aspekte werden definiert und dienen als Ausgangspunkt der Lösungsentwicklung.

**07.** Empathy Map
**08.** Persona
**09.** User Journey
**10.** Möglichkeitsfelder
**11.** Bedürfnisstatement
**12.** How might we ...?-Frage

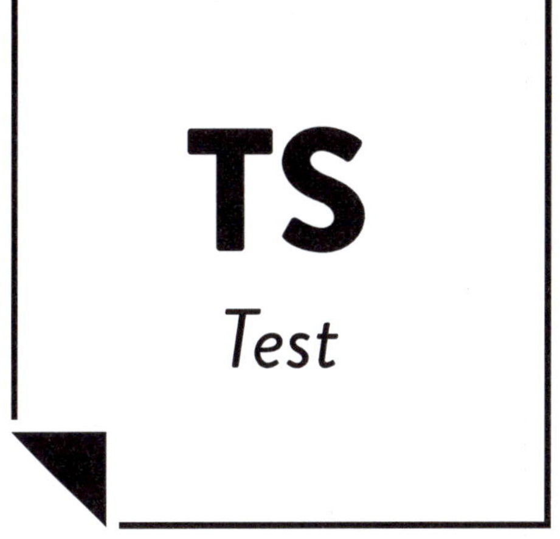


*Phase 3*

**IDEATE**

Das Team entwickelt mit Hilfe von verschiedensten Kreativitätstechniken innovative Lösungen für seine spezifische Challenge. Negative Kritik wird vorerst zurückgestellt, damit gezielt über den Status quo hinaus gedacht und aus einzelnen Ansätzen eine große Idee entwickelt werden kann, die exakt das Bedürfnis der relevanten Nutzer_innen trifft.

13. Morphologischer Kasten
14. Brainstorming
15. Idea Filter

*Phase 4*

**PROTOTYPE**

Im Prototyping werden die entwickelten Ideen und Lösungsansätze konkretisiert, visuell und greifbar gemacht – wobei unterschiedliche Materialien Anwendung finden. Wichtig hierbei ist, dass die kritischen Funktionen und Merkmale der Lösungsidee klar zum Tragen kommen und »erlebbar« gemacht werden.

16. Idea Napkin
17. Roadmap
18. Prototyping

*Phase 5*

**TEST**

Nun kann die Idee direkt mit Kund_innen und Nutzer_innen getestet werden. Durch diesen frühen »Realitäts-Check« lassen sich schnell und einfach Funktionalität, Nutzen und Akzeptanz überprüfen – das eingeholte Feedback dient als Leitlinie für die sich anschließenden Iterationskreisläufe der sich immer weiterentwickelnden Idee.

19. Testing

**TIPP**

*Viele Methoden sind auch in weiteren Prozessphasen nutzbar. Auf dem jeweiligen Bogen wird deshalb auf alternative Anwendungsmöglichkeiten verwiesen.*

## 2.4 FORMATE

### 2.4.1 FORMAT-KATEGORIEN

Wichtig für die Planung eures Design-Thinking-Vorhabens ist die Formatwahl. Grundsätzlich ist fast jegliches Format denkbar. Zeitlich, räumlich, analog, digital, Methodenmix – lasst eurer Fantasie freien Lauf. Wichtig ist, dass es euch als Team voranbringt.

Workshops sind wohl das beliebteste Design-Thinking-Format. Häufig verstehen Auftraggeber_innen Design Thinking als reine Workshopmethode. Gute Ideen brauchen jedoch Zeit. Deshalb ist es wichtig, in einem Auftragsklärungsgespräch den zeitlichen Rahmen zu besprechen. Macht allen Beteiligten klar, dass ihr in drei Tagen mehr und bessere Ergebnisse erreichen könnt, als in wenigen Stunden und dass ein iteratives Vorgehen Wochen in Anspruch nehmen kann. Design Thinking ist nicht fertig, wenn der Workshop vorbei oder das Testing abgeschlossen ist. Selbst die besten Ideen können in einer weiteren Iterationsschleife verbessert werden. So ist man im Design Thinking eigentlich nie wirklich fertig. Gute Ideen und weit ausgearbeitete Prototypen können lediglich gut genug für die Implementierung sein. Sobald Innovationen die Marktreife erreicht haben, lassen sich bereits neue Erkenntnisse aus der Praxis sammeln und das Produkt/der Service kann weiter verbessert werden. Zur Orientierung unterteilen wir die gängigsten Formate jedoch in vier Kategorien:

1 **ÜBUNG** *[60–120 min]*

2 **WORKSHOP** *[1–3 Tage]*

3 **SPRINT** *[4–5 Tage]*

4 **PROJEKT** *[Wochen–Monate]*

**ÜBUNG.** Übungen (60–120 min) dienen dem schnellen Einstieg in die Design-Thinking-Methodik. Zur Kategorie *Übung* zählt bspw. die berühmte *Wallet-Excercise* der d.school Stanford oder der *Design Thinking Fast Track* (Basics). Ihr könnt aber auch einzelne Methoden auswählen und z. B. mit Hilfe des Interviewtemplates die Grundlagen der Nutzerzentrierung üben.

**WORKSHOP.** Workshops können zwischen einem und drei Tagen dauern. Sie dienen der Synchronisation eures Teams, ermöglichen einen schnellen Einstieg in ein Thema und schaffen schnell erste Ergebnisse. Sie lassen sich gut einsetzen, um euer Team zu mobilisieren und die Teamenergie zu bündeln. Wenn möglich können in einem Workshop-Format bereits erste Nutzer_innen interviewt, beobachtet oder für Testzwecke eingebunden werden. So ermöglichen Workshops einen ersten Perspektivwechsel und geben einen Überblick über den Design-Thinking-Prozess.

**SPRINT.** Der Design(-Thinking)-Sprint ist das standardisierteste Format. Es dauert in der Regel fünf Tage und schafft verlässlich erste valide Ergebnisse. Es sieht die Teilhabe externer Expert_innen sowie Nutzer_innen-Feedback zwingend vor. Nach fünf Tagen intensiver Zusammenarbeit entwickelt sich ein richtiger Teamzusammenhalt. Viele Organisationen nutzen Sprints, um langwierige und kostenintensive Innovationsprozesse zu beschleunigen und unnötige Meetings oder Diskussionen zu vermeiden. Einen beispielhaften Aufbau eines Sprints zeigt die Grafik auf der rechten Seite.

**PROJEKT.** Die Länge eines Design-Thinking-Projekts richtet sich an den zur Verfügung stehenden Ressourcen und der Größe der Design Challenge aus. Besprecht vorab genau, was ihr in welchem Zeitraum erreichen wollt. Überlegt euch einen groben Fahrplan. Lasst gleichzeitig ausreichend Zeit für notwendige Planänderungen. Häufig bestehen größere Projekte aus kleineren Formaten. So können z. B. mehrtägige Workshops zu speziellen Schwerpunkten (User Research, Ideation/Prototyping, Testing ...) je nach Bedarf aneinandergereiht werden. Einzelne Methoden können als Übung einplant werden, um besonders herausfordernde Arbeitsschritte vorzubereiten. Besonders vielversprechende Themen oder Ideen können in einem intensiven Sprint tiefer ergründet und ausgearbeitet werden. Zwischen den einzelnen Formaten können mehrere Tage oder Wochen vergehen und Einzelarbeitsphasen verabredet werden.

### 2.4.2 AGENDA FÜR EINEN 1-TAGESWORKSHOP

Diese Agenda eines 1-Tagesworkshops ist kein Idealformat, sondern ein kompaktes Beispiel für den Prozess. Es beinhaltet alle Phasen und strukturierenden Workshop-Elemente wie Begrüßungsworte, Check-In und Warm-Up sowie ausreichend Pausen. Pro Prozessschritt führen wir mehrere mögliche Methoden auf, die unterschiedlich viel Zeit in Anspruch nehmen, meist lassen sie sich in 45-60 min bearbeiten. Sollte euch mehr Zeit zur Verfügung stehen, könnt ihr entweder weiter in die Tiefe gehen oder Iterationsschleifen einplanen.

**AUSWÄHLEN!** *1-3 Methoden pro Phase*

|  |  |
|---|---|
| 08:45–09:00 | **WELCOME** *Ankommen & Kaffee* |
| 09:00–09:10 | **HALLO** *Vorstellung Coache(s) und Workshopteam* |
| 09:10–09:40 | **INPUT** *Design Thinking,* **CHALLENGE** *vorstellen* |
| 09:40–09:45 | **WARM-UP** *im Plenum* |
| 09:45–10:00 | **TEAMBUILDING** *Helikopter Check-In, Teamvertrag* |
| 10:00–10:15 | **EMPATHIZE** *Input im Plenum* |
| 10:15–11:15 | **EMPATHIZE**<br>*Status-Quo-Raster[01], STEEP-Analyse[02], 5 Whys[03], 5 W-Fragen[04], Interview[05], A day in the life of ...[06]* |
| 15min | *Kaffeepause* |
| 11:30–11:45 | **DEFINE** *Input im Plenum* |
| 11:45–12:30 | **DEFINE**<br>*Empathy Map[07], Persona[08], User Journey[09], Möglichkeitsfelder[10], Bedürfnisstatement[11], Wkw ...?-Frage[12]* |
| 60min | **MITTAGSPAUSE** |
| 13:30–13:45 | **IDEATE** *Input im Plenum* |
| 13:45–14:45 | **IDEATE**<br>*Morphologischer Kasten[13], Brainstorming[14], Idea Filter[15]* |
| 14:45–15:00 | **PROTOTYPE** *Input im Plenum* |
| 15:00–15:45 | **PROTOTYPE**<br>*Idea Napkin[16], Roadmap[17], Prototyping[18]* |
| 15min | *Kaffeepause* |
| 16:00–16:15 | **TEST** *Input im Plenum* |
| 16:15–16:55 | **TEST**<br>*Testing[19]* |
| 16:55–17:15 | **PRÄSENTATIONEN**<br>*ca. 3 min pro Team + 2 min Feedback/Fragen aus dem Plenum* |
| 17:15–17:30 | **FEEDBACK** *und Abschluss* |

# 3. FUNKTIONSWEISE

**ANLEITUNG**

Auf der rechten Innenseite der Bögen wird die Methode in Bezug auf das entsprechende Template in einzelne aufeinanderfolgende Arbeitsschritte aufgeteilt. Ergänzt wird die Anleitung durch den Hinweis auf den Prozessschritt und eine Erläuterung des Hintergrundes (»Worum geht's?«) der Methode.

**BEISPIEL**

Gegenüber der Anleitung wird die Umsetzung der Methode anhand einer Beispielanwendung greifbar gemacht. Die einzelnen Arbeitsschritte können so konkret nachvollzogen werden. Die Form des Beispiels variiert meist leicht vom eigentlichen Template und regt so dazu an, über Kästen und Pfeile hinauszudenken. Es zeigt, wie das Template in der Praxis an eure Bedürfnisse flexibel angepasst werden kann.

**TEMPLATE**

Die Templates sind klar und übersichtlich gestaltet. Eine kurze Einleitung fasst die methodische Vorgehensweise noch einmal prägnant zusammen. Die Templates bieten Orientierung für die Arbeit am Whiteboard, können aber auch in ein individuelles Muster übertragen oder ganz einfach kopiert und von den Teammitgliedern individuell ausgefüllt werden: **DO ~~not~~ COPY!**

## 3.1 AUFBAU

**THINKIT** ist ein klar strukturierter Methoden-Werkzeugkasten: Jede Methode funktioniert sowohl in sich geschlossen als auch als Teil eines größeren Innovationsprozesses – ganz wie es die Situation verlangt. Jeder Methodenbogen besteht aus drei Teilen: Immer gibt es ein einseitiges, leeres Template auf der Bogenrückseite, erläutert durch eine schrittweise Anleitung innen rechts und ein prototypisches Anwendungsbeispiel zum Thema *Mobilität der Zukunft* innen links. Die Bögen sind durch ihren Aufbau sowohl für Einsteiger_innen als auch für Profis unkompliziert in der Praxis einzusetzen, ohne auf die essenziellen Informationen für das Gelingen der Methode zu verzichten. Die Bögen folgen einer Farbcodierung nach Phasen:

## 3.2 ABLAUF

Wer einen klassischen Design-Thinking-Prozess durchlaufen möchte, profitiert von der klaren Struktur des **THINKIT**: Die fünf chronologisch aufeinanderfolgenden Prozessphasen *Empathie aufbauen, Sichtweise definieren, Ideen finden, Prototypen entwickeln* und *Testen* bilden den Rahmen, in den die Methoden eingeordnet werden. Allen Quereinsteigern greift der Schnelltest auf der nächsten Seite unter die Arme, um direkt die passende Startmethode zu finden. Keine Sorge: Es müssen nicht alle Methoden strikt in einer Reihenfolge abgearbeitet werden – jede Challenge verdient eine ganz eigene Herangehensweise! Um die jeweilige Problemstellung fundiert anzugehen, empfiehlt es sich jedoch, trotz aller Verlockung nicht direkt in die Ideenfindung zu starten. Das Thema aus der Nutzer_innenperspektive zu durchdringen (sich also intensiv durch die Phasen *Empathie aufbauen* und *Sichtweise definieren* zu arbeiten) zahlt sich immer aus! In den gewonnenen Erkenntnissen und Einblicken gibt es überraschende Details zu entdecken, die im nächsten Schritt *Ideen finden* den Nährboden für innovative Denkansätze und neue Lösungswege bilden.

## 3.3 BEISPIELCHALLENGE

Wie wirkt sich der gesellschaftliche, soziale, politische, ökonomische, technische und ökologische Wandel im Denken und Handeln auf unsere Mobilität aus?
Die Beispiel-Challenge *Mobilität der Zukunft* zieht sich als roter Faden durch alle Methoden und zeigt ganz anschaulich, wie Design Thinking zu innovativen Denkweisen inspiriert. Das Thema ist generationenübergreifend relevant, auch in Zukunft aktuell und in ständiger Veränderung begriffen. Welche Arbeitsweise würde sich anbieten, mit einer solchen Komplexität flexibel jonglieren zu können, wenn nicht Design Thinking? Radikal nutzerorientiert, ergebnisoffen und dynamisch ermöglicht es gerade bei herausfordernden Fragestellungen, ungewohnte Perspektiven einzunehmen und die Welt neu zu betrachten.

### BEISPIEL-USER: *Ole*

Das ist Ole. Ole ist unser Prototyp-User, der euch innerhalb der Beispiele auf den Methodenbögen begegnen wird und euch durch das Thema *Zukunft der Mobilität* begleitet. Ole steht gleichzeitig stellvertretend für die Nutzer_innen, die ihr für eure Workshop-Themen in den Mittelpunkt euer Überlegungen und für die Anwendung der Methoden heranziehen werdet. Ole kann dann auch Anna oder Herbert heißen.

*Macht den Test zum Schnelleinstieg auf der nächsten Seite, wenn ihr euch unsicher seid, welche Methode zum aktuellen Stand eures Projekts passt.*

## 3.5 TEST: *Schnelleinstieg*

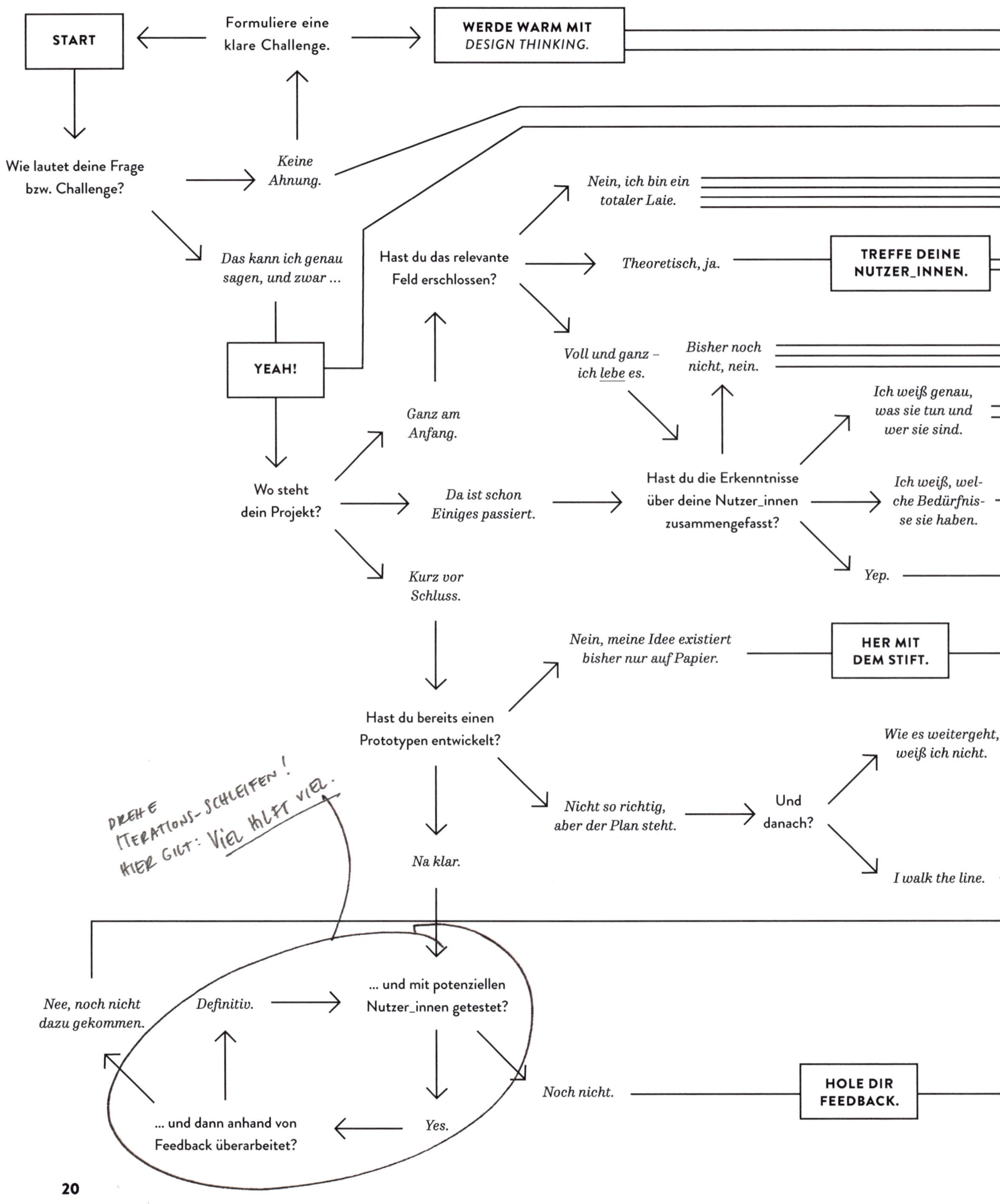

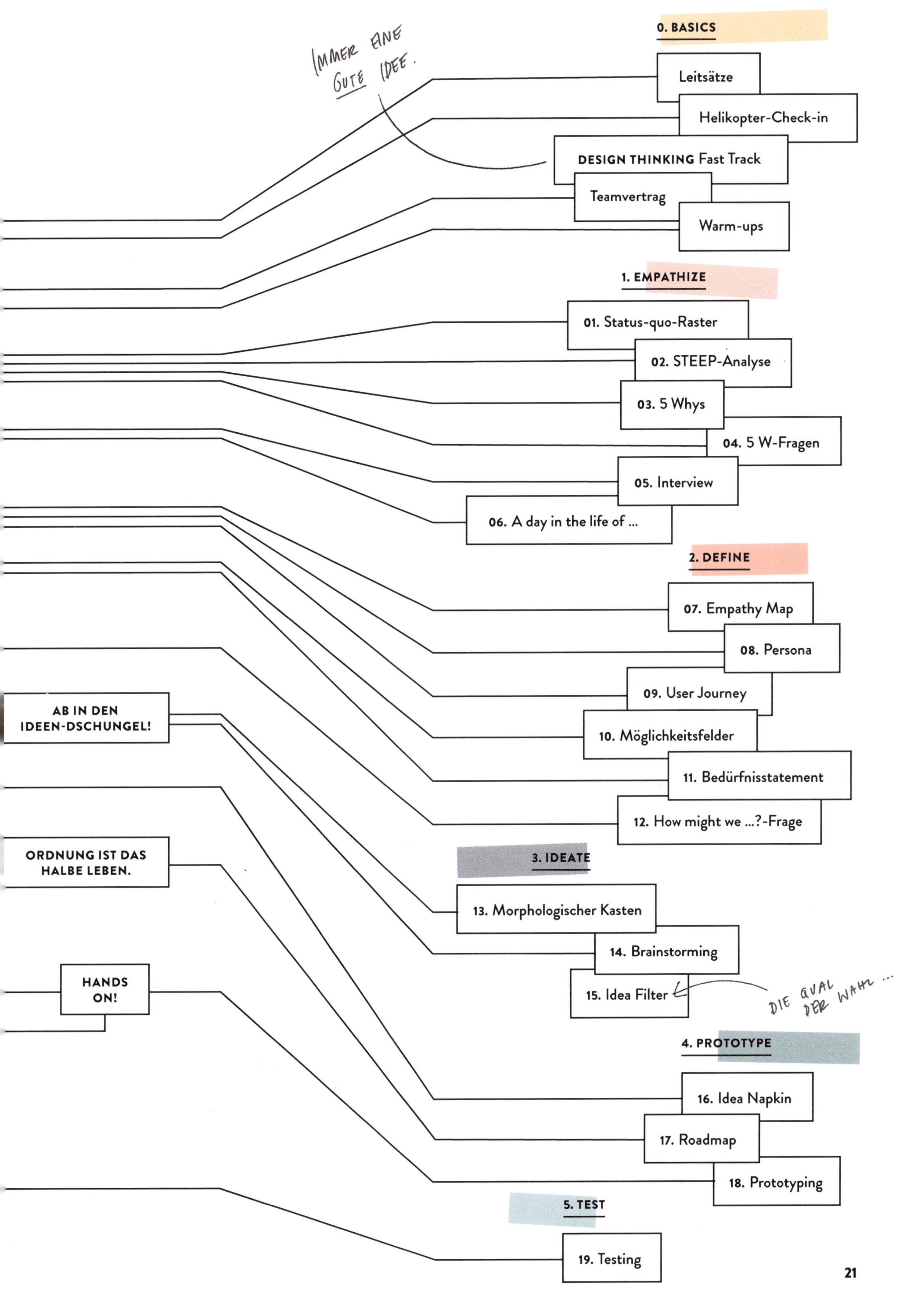

IMMER EINE GUTE IDEE.
0. BASICS
Leitsätze
Helikopter-Check-in
DESIGN THINKING Fast Track
Teamvertrag
Warm-ups
1. EMPATHIZE
01. Status-quo-Raster
02. STEEP-Analyse
03. 5 Whys
04. 5 W-Fragen
05. Interview
06. A day in the life of ...
2. DEFINE
07. Empathy Map
08. Persona
09. User Journey
10. Möglichkeitsfelder
11. Bedürfnisstatement
12. How might we ...?-Frage
AB IN DEN IDEEN-DSCHUNGEL!
ORDNUNG IST DAS HALBE LEBEN.
3. IDEATE
13. Morphologischer Kasten
14. Brainstorming
15. Idea Filter
DIE QUAL DER WAHL ...
HANDS ON!
4. PROTOTYPE
16. Idea Napkin
17. Roadmap
18. Prototyping
5. TEST
19. Testing

# 4. MINDSET

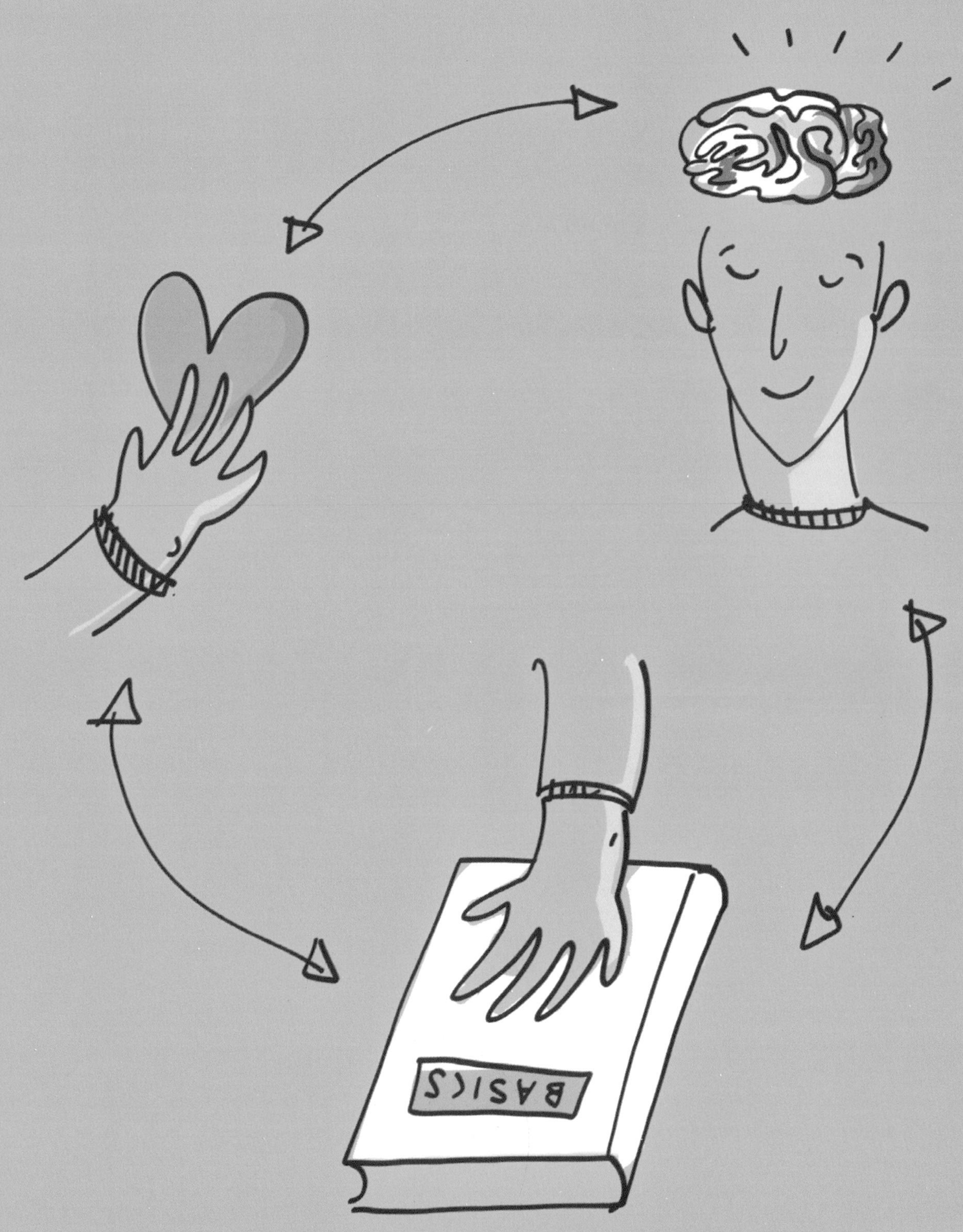

## 4.1 GRUNDSÄTZE

### 4.1.1 HERANGEHENSWEISE

Im Kern geht es den meisten Design Thinkern auf lange Sicht um eine Veränderung des »Mindsets« bei den Anwender_innen und Workshop-Teilnehmenden. Diese gewünschte Geisteshaltung zeichnet sich durch Eigenschaften aus, die sich in jedem Team unterschiedlich ausprägen können. Zentrale Merkmale sind:

- *Menschenzentrierung*
- *intensive Auseinandersetzung* mit der zugrunde liegenden Problemstellung
- partnerschaftliche und offene *Zusammenarbeit* in multidisziplinären Teams
- *experimentierfreudiger und visuell arbeitender Geist* (der dem Ursprung im Design zu verdanken ist)

Als Coach schafft man für das Team den geeigneten Rahmen. Dieser wird bei Einsteiger_innen durch den Prozess bestimmt. Mit zunehmender Erfahrung sollen Coaches und Teilnehmer_innen jedoch mutiger und unabhängiger werden und sich vom vermeintlich linearen Prozess auch mal entfernen. In der Realität gibt es nicht immer klare Challenges, die mit einem Schritt 1 begonnen werden können. Häufig startet die Innovationsarbeit mit bereits bestehenden Ideen oder gar ersten Prototypen.
Mit welchem Prozessschritt man beginnt, ist letztlich zweitrangig. Wichtiger ist das Verständnis für die Zweiteilung zwischen dem Problemverständnis und der darauffolgenden Ideenfindung. Es ist eine Frage der Perspektive, ob ein erster Prototyp als ernstzunehmende Idee oder, in Ko-Kreation mit den Nutzer_innen, als User-Research-Artefakt verstanden wird. Jeder Schritt kann als Ergebnis oder Erkenntnis eingeordnet werden. Bei aller Unsicherheit, die durch offene Problemstellungen entstehen kann, ist es am Ende die notwendige Portion Mut, Neugier und Offenheit für die Perspektive des Gegenübers, die die Geisteshaltung eines Design-Thinking-Teams prägen sollte.

### 4.1.2. MENSCHENZENTRIERTES DESIGN

Der große Unterschied des Design-Thinking-Ansatzes im Vergleich zu klassischen Herangehensweisen im Innovationsmanagement ist die Ergänzung der Faktoren *Technologie* und *Wirtschaft* um den Faktor *Mensch*. Je nach Aufgabenstellung spricht man statt von Menschen häufig von *Nutzer_innen* (oder, wenn es um Kaufprozesse geht, von *Kund_innen*). In spezifische Referenzgruppen aufgeteilt, werden diese methodisch als Personas bzw. Extremnutzer_innen bezeichnet.
Bevor wir uns fragen, ob etwas überhaupt technologisch möglich ist und wirtschaftlichen Mehrwert bringt, steht die Frage nach dem Nutzen für den Menschen im Mittelpunkt. Hier geht es vor allem um die Konzentration auf wirkliche Bedürfnisse. Diese Bedürfnisse sind nicht immer leicht zu erkennen und sollten nicht nur in den Phasen *Empathie aufbauen* und *Sichtweise definieren* im Zentrum stehen, sondern im gesamten Prozessverlauf gegenwärtig sein.
Mit etwas Erfahrung wird die konstante Frage nach dem Nutzen und der Beantwortung von Bedürfnissen zur Leitidee des Innovationsprozesses.

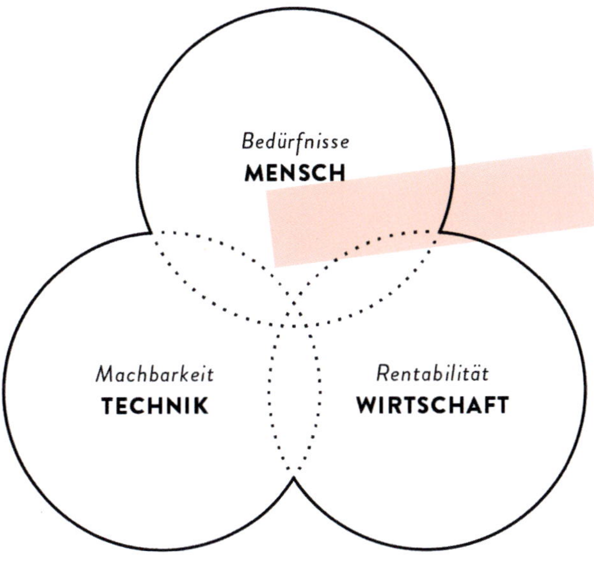

## 4.2 ZUSAMMENARBEIT

### 4.2.1 ROLLENVERSTÄNDNIS

Ein Design-Thinking-Coach hat in seiner spezifischen Rolle eine besondere Verantwortung für den Ab- und Fortlauf des Prozesses. Seine Aufgabe ist es, die richtigen Methoden im richtigen Moment auszuwählen und den passenden Augenblick zu erkennen, um von einer Phase in die nächste überzutreten. Driftet das Team vom Thema ab oder verirrt sich in unwichtigen Detailfragen, muss der Team-Coach Orientierung und Rahmen bieten.

Neben Methoden- und Prozesskompetenz ist aber vor allem die zwischenmenschliche Dimension der Coachingaufgaben von zentraler Bedeutung. Nehmen einzelne Teilnehmer_innen zu viel Raum in der Diskussion ein, oder steigt beispielsweise die Frustration im Team, aufgrund eines wiederholten Rückschlags, entstehen destruktive Konflikte, die der Coach in seiner vermittelnden Funktion adressieren muss. Diese Aufgabenvielfalt schafft einen Gestaltungsspielraum, der eine gewisse Macht mit sich bringt. Der Coach muss diese zu Beginn der Arbeit offenlegen. In festgefahrenen Diskussionen wenden sich Teammitglieder beispielsweise gern, nach Bestätigung suchend, an ihren Coach. Er sollte seine Neutralität deshalb klar kommunizieren und nur in Einzelfällen Stellung zu inhaltlichen Fragen beziehen.

Teammitglieder sind hingegen explizit in der Verantwortung, inhaltlich Impulse zu geben. Da besonders auf eine heterogene Zusammenstellung der Teams geachtet wird, sollen sie die eigene Perspektive klar formulieren. Das aktive, unbefangene Zuhören stellt für die Rolle des multidisziplinären Teammitglieds die zentrale Herausforderung dar. Der ständige Wechsel zwischen divergenten und konvergenten Denkmodi fordert viele Teilnehmer_innen heraus, da abwechselnd klare Meinungen und unvoreingenommene Offenheit gefragt sind.

In der Position einer Führungskraft muss die Rolle des Team-Coaches klar definiert sein. Design Thinking eignet sich hier als eine Methode im Sinne des »Leadership as a Service«. Führungskräfte in der Rolle des Coaches können die eigene Position bspw. als unterstützend und fördernd definieren. Jedes Teammitglied hat das gleiche Mitspracherecht, egal ob Auszubildender oder Vorstandsmitglied. Mit der Einführung des Bildes vom »Hippo« (*Highest Paid Person's Opinion*), können humorvoll Hierarchien aufgebrochen werden. Hat eine Person aufgrund bestehender Hierarchien eigentlich »mehr zu sagen« als die anderen Teilnehmer_innen – egal, ob Coach oder Teammitglied – wird sie aufgefordert, diese Rolle bewusst zu reflektieren und im Rahmen des Design-Thinking-Prozesses abzulegen.

### 4.2.2 GRUPPENDYNAMIK

Design Thinking ist Teamplay. Deshalb ist die Gruppendynamik von besonderer Bedeutung. Design-Thinking-Prozesse versuchen komplexe offene Fragestellungen zu beantworten – und das häufig unter hohem Zeitdruck und noch höheren Erwartungen. Das kann das Potenzial für Konflikte erhöhen. Inhaltliche Konflikte sind gewünscht, denn sie sind Ausdruck einer Auseinandersetzung mit verschiedenen Perspektiven innerhalb eines Teams. Während Design-Thinking-Prozesse meist durch eine äußerst verspielte, positive und optimistische Atmosphäre geprägt sind, hat auch die sachliche Auseinandersetzung mit möglichen Widersprüchen, kontroversen Standpunkten oder gescheiterten Ideen ihren Raum. Sie spiegelt sich im Prinzip des frühen und häufigen Scheiterns wider, das zum Ausgangspunkt für Konflikte auf der Beziehungsebene werden kann. Meinungsverschiedenheiten und das Gefühl des Scheiterns befördern offene Auseinandersetzungen, die in der Folge zu Blockaden führen können. Diese zwischenmenschliche Ebene im Blick zu behalten, gehört zu den Aufgabengebieten eines guten Coaches. Um Blockaden zum richtigen Zeitpunkt sichtbar zu machen, bedarf es keiner Templates, sondern einer guten Portion Intuition und Ausprobierens. Und die sammelt man nicht bei der Lektüre, sondern indem man ins Tun kommt! Genug der einleitenden Worte, jetzt seid ihr gefragt.

## 4.2.3 DREI SCHLÜSSELMOMENTE IM DESIGN-THINKING-COACHING

Design Thinkit wurde geschrieben, um Menschen zum schnellen Design-Thinking-Einstieg zu ermutigen, aber natürlich braucht es Übung, um auch in schwierigen Situationen eine souveräne Coaching-Antwort zu finden. In unserer Praxis stechen drei wichtige Schlüsselmomente immer wieder hervor, die wir an dieser Stelle vorbeugend adressieren wollen.

1 **AUSUFERNDE DISKUSSIONEN** *zu Beginn des Prozesses.*

2 **UNGEDULD UND FRUSTRATION** *kurz vor der Ideation-Phase.*

3 **PRODUKTIVE INHALTLICHE KONFLIKTE** *und destruktive Beziehungskonflikte.*

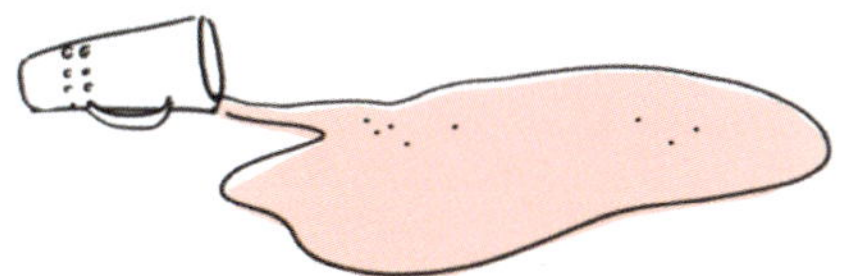

**1. AUSUFERNDE DISKUSSIONEN ZU BEGINN DES PROZESSES.** Die Etablierung einer konstruktiven Diskussionskultur gehört zu den wichtigsten Erfolgsfaktoren eines Design-Thinking-Prozesses. Häufig bereiten Teilnehmende in Diskussionen jedoch bereits den verbalen Gegenschlag vor, statt dem Gegenüber aktiv zuzuhören. Dieses Verhalten kann zu einem ziellosen Pingpong führen, das im Design Thinking mit Methode beantwortet werden soll. Ausführliche Diskussionen sind insbesondere am Anfang des Prozesses ein großes Problem. Die Unsicherheit im Team ist groß, da die Beantwortung der offenen Problemstellung viele Fragen aufwirft. Es beginnt ein Deutungskampf um den richtigen Startpunkt, Grundsätzliches und Vieles, das mit dem eigentlichen Thema kaum etwas zu tun hat. Dieser anfänglichen Unsicherheit entgegnen wir mit einer Design Challenge. Sie markiert den Startpunkt der Zusammenarbeit und muss zu Beginn in Absprache mit den Auftraggeber_innen vereinbart werden.

Die Design Challenge muss nicht zwangsläufig einem festen Schema entsprechen. Sie grenzt jedoch zu Beginn das Themenfeld ein und bestimmt damit den Umfang des Projekts sowie die Erwartungshaltung. Je konkreter das gewünschte Ergebnis, desto spezifischer sollte die Aufgabenstellung gestellt werden. Eine Eingrenzung nach Zielgruppen, geografischen Grenzen, den zur Verfügung stehenden Ressourcen oder einem zeitlichen Horizont kann den Umfang positiv beeinflussen. Gleichzeitig sollte die Aufgabenstellung die offene Natur sowie die prinzipielle Lösbarkeit der Problemstellung widerspiegeln. Übliche Formate sind beispielsweise: »Gestaltet die XY-Erfahrung für YZ neu«, oder »Wie könnten wir ...« (*»How might we ...?«-Frage* → No. 12).

Aufgrund der Offenheit und der damit einhergehenden Unsicherheit der Design Challenge wird es sicherlich zu Fragen und Widerspruch kommen. Sie dient als Startpunkt für die weitere Exploration, als Reibungspunkt für konstruktive Diskussionen sowie als Fokuspunkt. Im Laufe des iterativen Prozesses kann sie bei Bedarf immer wieder angepasst werden.

**2. UNGEDULD UND FRUSTRATION KURZ VOR DER IDEATION-PHASE.** Der herausfordernste Moment eines Design-Thinking-Formats ist der Übergang von der Define- zur Ideation-Phase. Das hat zwei Gründe: Zum einen sind wir es nicht gewohnt, die Problemanalyse als eigenständigen Arbeitsschritt zu begreifen, da wir seit der Schulzeit vor allem zum Antwortgeben ausgebildet wurden. Zum anderen fällt es uns schwer, das zu Beginn so große Feld hinter der Design Challenge nun dramatisch einzugrenzen. Den Übergang zwischen den Phasen Define und Ideate prägt die Suche nach einer geeigneten »How might we ...?«-Frage (→ No. 12) für das folgende Brainstorming (→ No. 14). Wie in der Design Challenge geht es an diesem Punkt um die Formulierung einer offenen Fragestellung, die vielfältige Ideen im Brainstorming zulässt und dennoch konkrete Nutzer_innenbedürfnisse in den Fokus setzt. Dabei müssen viele User-Research-Erkenntnisse, zumindest für den Moment, zur Seite gelegt werden, so schwer das auch fallen mag.

Gleichzeitig gibt es häufig schon zahlreiche Lösungsideen, die durch den Raum schwirren, die jedoch vor der Ideation-Phase konsequent zur Seite gelegt werden sollten. Je mehr wir über Nutzer_innenbedürfnisse und -probleme sprechen, desto größer wird der Wunsch Antworten zu geben. Diese Anspannung gilt es aufrechtzuerhalten und zu nutzen, da sie sich im Brainstorming entladen soll.

Aufgeladen mit neuen Erkenntnissen fällt es den Teilnehmenden häufig schwer, erste Lösungen nicht unmittelbar weiterzuverfolgen. Gute Ideen, die zu früh im Prozess aufkommen, kann man beispielsweise in einem Ideenparkplatz »parken«. So wird der Blick wieder frei für die Bedürfnisse der Nutzer_innen. Als Coach sollte man auf diese besonders schwierige Phase hinweisen, frühzeitige Ideenentwicklung abfangen und auf eine bedürfnisorientierte Fokussierung in der »How might we ...?«-Frage bestehen. Insbesondere unerfahrene Teilnehmende werden an dieser Stelle nervös, da sie den eingeschlagenen Weg für unumkehrbar halten. Der iterative Charakter des Prozesses erfordert jedoch eine zeitnahe Überprüfung der Ergebnisse und ermöglicht jederzeit eine Rückkehr zu diesem wichtigen Design-Thinking-Knotenpunkt.

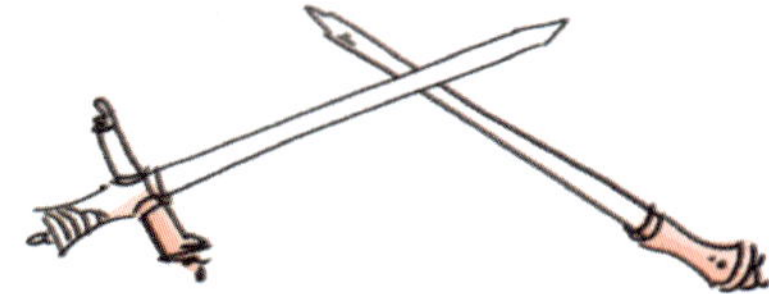

**3. PRODUKTIVE INHALTLICHE KONFLIKTE UND DESTRUKTIVE BEZIEHUNGSKONFLIKTE.** Wie jede Teamarbeit sind auch Design-Thinking-Prozesse durch bestimmte Gruppendynamiken geprägt. Die vier klassischen Phasen Forming, Storming, Norming, Performing von Bruce Tuckman lassen sich sehr gut beobachten. Stark vereinfacht beschreiben sie ein anfängliches Kennenlernen, vor einer ersten Streitphase, gefolgt von einer Phase der gemeinsamen Regel- und Rollenfindung, die eine produktive Zusammenarbeit überhaupt erst möglich macht. Dieses Modell wurde in den vergangenen Jahrzehnten häufig aktualisiert. In einer Studie aus dem Jahr 2000 beschreiben Susan Moger und Tudor Rickards eine notwendige Steigerung in besonders kreativen Arbeitsprozessen. Sie nennen diese fünfte Phase Outperforming und stellten in Experimenten fest, dass nur gut 15 % der von ihnen beobachteten Kreativteams eigenständig an diesen Punkt kommen.

Während in klassischen Arbeitsprozessen die Aufgabenstellung vorab klar eingegrenzt werden kann, sind Design-Thinking-Prozesse durch eine offene Problemstellung besonderem Druck ausgesetzt. In einem Umfeld, in dem lange Zeit vieles im Unklaren liegt, sind inhaltliche Konflikte an der Tagesordnung. In der Regel lassen sich diese wichtigen Konflikte und Diskussionen durch ein respektvolles Miteinander und gutes Coaching konstruktiv nutzen. Durch eine wiederholte Iteration kann es jedoch schnell zu einer Frustration kommen, die in gegenseitigen Beschuldigungen für das vermeintliche Scheitern gipfelt. So werden aus wertvollen inhaltlichen Konflikten destruktive Beziehungskonflikte, die die Teamdynamik lähmen und ein kreatives Outperforming unmöglich machen.

Als Coach kann man an dieser Stelle unterstützend einwirken, auf die verständliche Frustration eingehen und die Bedeutung von kreativen inhaltlichen Konflikten sowie Iterationsschleifen hervorheben. Ein beherztes Eingreifen und guter Zuspruch können dem Team bereits die notwendige Sicherheit für das Weiterarbeiten vermitteln. Sollten die Konflikte auf Beziehungsebene jedoch so groß sein, dass sie eine erfolgreiche Zusammenarbeit behindern, kann man den Design-Thinking-Prozess auch für ein klärendes Gespräch unterbrechen und beispielsweise auf das Handlungskonzept der Gewaltfreien Kommunikation von Marshall B. Rosenberg verweisen. Durch solche unterstützende Coachingmaßnahmen kommt das Team leichter in den gewünschten kreativen Outperforming-Modus.

### 4.2.4 SELBSTVERTRAUEN IN KREATIVPROZESSEN

Seid ihr kreativ? Wir glauben daran und haben in kokreativen Prozessen live erlebt, dass das Adjektiv »kreativ« kein exklusives ist. Kreativität ist eine Einstellung. **THINKIT** richtet sich deshalb an alle, die Lust haben, sich auf einen Perspektivwechsel einzulassen und daran glauben, mit dem, was sie tun, die Welt ein Stück weit verändern zu können. Wir ermutigen euch dazu:

- **TRAUT EUCH,** Bestehendes zu hinterfragen, neue Wege zu gehen und nach Lösungen zu suchen, die tiefer liegen. Sie sind es wert, erkundet zu werden. Das Vertrauen in eure eigene Kreativität hilft euch, neue Möglichkeiten zu erkennen und euch zu engagieren.
- **TRAUT EUCH ZU EXPERIMENTIEREN.** Erst, wenn ihr das breite Feld eurer Ideen erforscht habt, könnt ihr euch auf die »beste« Lösung fokussieren. Wir versuchen viel zu oft, endlich »fertig zu werden«, anstatt den Prozess der Entdeckungen zu genießen.
- **TRAUT EUCH ZU SCHEITERN.** Frühes Scheitern wird euch ermöglichen, zu lernen und euch bereits früher der richtigen Lösung zu nähern. Aus diesem Grund ist Scheitern ein wesentlicher Bestandteil von Innovationsprozessen. Wenn ihr die Angst vorm Scheitern ablegt, wird eure Umgangsweise mit Herausforderungen immer produktiver.
- **TRAUT EUCH ZU HINTERFRAGEN.** Jeden Tag begegnen wir Produkten oder Services, die uns nicht helfen, sondern uns bremsen. Anstatt euch zu beschweren, fragt euch selbst: Wie können wir diese Situation verbessern/ändern?
- **TRAUT EUCH KREATIVITÄT ZU KULTIVIEREN.** Wir wissen, dass genau IHR kreative Lösungen entwickeln und nach außen tragen könnt. Entfacht das »kreative Feuer« in Menschen, die euch umgeben.

Mit dem **THINKIT** geben wir euch das Basiswissen, ein herzliches »Ihr schafft das!« und die richtigen Methoden an die Hand, damit ihr euch traut, einfach loszulegen, Design Thinking zu leben und andere in Workshops zu befähigen, ein neues Mindset zu entwickeln.

### 4.2.5 COACHING-JOBS

- **CHALLENGE FORMULIEREN**
- **ZIELSETZUNG / ERWARTUNGEN ABFRAGEN,** z. B. mit dem Team und/oder den Auftraggebenden.
- **AGENDA SCHREIBEN**
- **TEILNEHMENDE IN TEAMS ZUSAMMENSTELLEN,** hier gilt: Heterogenität gewinnt!
- **WORKSHOPRAUM FINDEN,** ggf. besichtigen und buchen
- **ARBEITSMATERIALIEN ZUSAMMENSTELLEN**
- **METHODENEINFÜHRUNG VORBEREITEN**
- **GGF. INHALTLICHEN INPUT VORBEREITEN**
- **WARM-UPS VORBEREITEN** (→ Warm-Ups, Basics)
- **PRÄSENTATION ERSTELLEN**
- **VORAB-INFORMATIONEN ZUSAMMENFASSEN** … und an die Teilnehmenden schicken
- **TEMPLATES VORBEREITEN,** d. h. ausdrucken oder digital bereitstellen
- **INTERVIEWPARTNER_INNEN EINLADEN**
- **TESTER_INNEN EINLADEN,** dazu ggf. Ort zum Testen finden
- **WORKSHOP-RAUM VORBEREITEN,** Material bereitlegen, Snacks und Getränke, …

**… UND DANN KANN ES LOSGEHEN!**

*»If you want to make something great, you need to start making.«*

David & Tom Kelley, »Creative Confidence«

# 5. MODERATION DIGITALER WORKSHOPS

# 5.1 CHANCEN + HERAUSFORDERUNGEN

## 5.1.1 VOR- UND NACHTEILE DIGITALER WORKSHOPS

Design-Thinking-Formate können sowohl analog als auch digital durchgeführt werden. Beide Optionen bieten Vor- und Nachteile, die es im Einzelfall abzuwägen gilt. So sind analoge Formate in der Regel etwas flexibler und niedrigschwelliger für Teilnehmende, die sich in einem digitalen Umfeld noch unsicher fühlen. Auf der anderen Seite lassen sich digitale Whiteboards schneller und einfacher vorbereiten, vervielfältigen und dokumentieren. Insbesondere für kürzere Formate und internationale Teamarbeit entfallen durch Remote-Workshops An- und Abreise. Die Wahrscheinlichkeit, die besten Expert_innen oder Testnutzer_innen für eine spezifische Design-Challenge zusammenzubringen, steigt hierdurch deutlich.

Bittet eure Teilnehmenden, besonders auf ihre Gestik zu achten. Ermutigt sie, etwas ausdrucksstärker als üblich auf Redebeiträge der anderen Teilnehmenden zu reagieren. Nutzt insbesondere eure Hände, um auf euch aufmerksam zu machen, die Redereihenfolge zu bestimmen, Zustimmung durch Gebärden-Applaus auszudrücken oder Real-Life-Emojis nachzustellen.

Schafft im selben Moment mehr Raum für sozialen Austausch: durch Warm-ups, Check-ins oder Einzelgespräche. Arbeitet so oft wie möglich in kleinen Breakout-Sessions mit maximal sechs Personen, um das Teamgefühl zu stärken.

## 5.1.2 DIGITAL FATIGUE VERMEIDEN

Analoge Design-Thinking-Workshops sind oft außerordentlich bunte, interaktive und agile Veranstaltungen, die bewusst mit dem gewohnten Arbeitsalltag brechen. Die positive und offene Stimmung im Raum ist mit den Händen greifbar. Dieses Gefühl im Digitalen zu reproduzieren ist schwieriger. Das liegt nicht nur an der fehlenden Bewegung auf dem Schreibtischstuhl und den Kopfschmerzen, die nach mehreren Stunden vor dem Bildschirm auftreten, sondern vor allem an der reduzierten menschlichen Interaktion. Auf den kleinen Kacheln der gängigen Videokonferenztools gehen die gewohnten Signale non-verbaler Kommunikation schnell verloren. Individuelle Bedürfnisse der Teilnehmenden, geäußert durch eine zur Frage gerunzelte Stirn oder ein zustimmendes Nicken, können so leicht übersehen werden.

Diese digitalen Hindernisse gilt es zu Beginn der Zusammenarbeit zu adressieren und die Teilnehmenden gleichzeitig zu ermutigen, aktiv dagegen vorzugehen.

## 5.1.3 DIE TECHNIK MEISTERN

Neben der Rolle des Design-Thinking-Coaches braucht es im Digitalen die Rolle der Technikmoderation, die im besten Fall personell voneinander getrennt werden sollten. Es kommen zum klassischen Aufgabenprofil der Moderation damit weitere wichtige Aufgaben hinzu, die den Erfolg und die Stimmung einer digitalen Veranstaltung stark beeinflussen können.

Die Digitalkompetenzen der Teilnehmenden können sich deutlich unterscheiden. Während einige bereits Erfahrungen in Online-Workshops sammeln konnten und sich im Digitalen wohlfühlen, kann die gleiche Veranstaltung für Menschen mit weniger Erfahrung Stress und Frustration auslösen. Gestaltet Digitalformate deshalb so schlicht wie möglich. Nutzt Programme, die möglichst viele Menschen bereits kennen, die auf vielen Betriebssystemen und auch mit niedriger Bandbreite stabil funktionieren. Unser Standard-Setup besteht aus einer Videokonferenz-Software mit Breakout-Session-Funktion und einem digitalen Whiteboard. Es ist ratsam, die technischen Voraussetzungen vorab zu besprechen und bestenfalls mit den Teilnehmenden zu testen, damit einem erfolgreichen Workshop nichts im Wege steht. Startet euren Workshop z. B. 30 Minuten früher mit einem optionalen Technik-Check für alle Teilnehmenden, damit diese alle benötigten Funktionen testen und entspannt im digitalen Workshopraum ankommen können.

Selbst die beste Vorbereitung ist nicht vor überraschenden Herausforderungen gefeit. Es wird immer wieder technische Probleme geben, auf die man spontan reagieren muss. Um dann nicht in Stress zu verfallen, lohnt es sich, vorab einen zeitlichen Puffer einzuplanen und präventiv um Verständnis zu bitten, falls es im Laufe der Veranstaltung zu Problemen kommen sollte. Dieses Verständnis ist nicht nur wichtig für die Moderation, sondern auch für die Teilnehmenden untereinander. Ein ruhiger Umgang mit Problemen und eine verständnisvolle Haltung bei technischen Unsicherheiten schafft eine vertrauensvolle Atmosphäre in der digitalen Gruppenarbeit. Bietet – z. B. über den Chat – einen Kanal für aufkommende Technikfragen an. Führt ruhig durch den digitalen Raum und vergewissert euch immer wieder, dass alle Teilnehmenden dem Workshopverlauf folgen können.

Für die Teilnehmenden ist ein Online-Workshop vielleicht nur einer von mehreren Terminen am Tag. Damit sie nicht völlig unvorbereitet in den Workshop kommen, informiert sie frühzeitig und ausführlich über relevante technische sowie inhaltliche Anforderungen. Das A und O der Vorbereitung ist eine gut formulierte Einladungs-E-Mail, in der so viele Fragen wie möglich antizipiert und beantwortet werden:

- Welche technischen Voraussetzungen oder Programme werden erwartet?
- Müssen die Teilnehmenden Inhalte vorbereiten und mitbringen?
- Wann gibt es einen Technik-Check-In?
- Welche Links sind für die Teilnahme wichtig?
- Wen kann ich bei dringenden Fragen – über welche Kanäle – während des Workshops kontaktieren?

Neben dem Technik- und Team-Check-In könnt ihr digitale Formate mit der Präsentation der digitalen Netiquette starten, den Grundregeln und Verhaltensprinzipien der digitalen Zusammenarbeit. Dieses Set an Regeln kann je nach Format und Zielgruppe variieren, oder ihr legt es gemeinsam mit dem Team als Einstieg in den digitalen Workshop fest. In unseren Workshops gilt beispielsweise – soweit sinnvoll und möglich – dass Video und Ton der Teilnehmenden stets aktiviert sein sollten, um so eine möglichst natürliche und fließende Kommunikation zu ermöglichen. Die folgenden Regeln bilden den Kern unserer Team-Netiquette:

HINTERGRUNDGERÄUSCHE DURCH STUMMSCHALTEN VERMEIDEN

KAMERA BITTE ANSCHALTEN

GESTIK ZUR KOMMUNIKATION NUTZEN

RÜCKSICHT BEI TECHNISCHEN PROBLEMEN

ACHTUNG BEI MEDIEN-/ RAUMWECHSELN

BEIM THEMA BLEIBEN

AUF ZEITSLOTS ACHTEN

RESPEKTVOLL DISKUTIEREN

## 5.2 TIPPS + TRICKS

### 5.2.1 VORBEREITUNG

Ein Digitalworkshop ist in der Vorbereitung wie eine Live-Übertragung zu behandeln. Es braucht einen klaren Ablaufplan und alle notwendigen Tools (digital/analog) griffbereit. Langes Suchen nach benötigten Dateien oder eine ungeplante Abwesenheit vom Arbeitsplatz wirken im Digitalen viel unprofessioneller als im Analogen. Öffnet deshalb bereits vorab Dokumente, Boards und Webseiten, die ihr im Verlauf des Workshops mit euren Teilnehmenden teilen wollt. Bereitet mit der gleichen Vorausschau euren Schreibtisch vor:

1. Laptop/Computer (Kamera auf Augenhöhe)
2. zusätzlicher Bildschirm, wenn vorhanden
3. benötigte Materialien, z.B. Thinkit-Templates
4. zusätzliche Lichtquelle
5. Stoppuhr/Time Timer
6. Wasserflasche
7. externe Tastatur
8. Notizheft
9. Post-Its zum schnellen Notieren
10. Kopfhörer und Mikrofon
11. **EXTRATIPP**: Fixpunkt in der Ferne (z.B. ein Foto), um die Augen zwischenzeitlich zu entlasten

### 5.2.2 DURCHFÜHRUNG

Ein zweiter Monitor unterstützt dabei, die Übersicht über die einzelnen Fenster und Arbeitsschritte zu bewahren. So können Präsentationen, Videos oder Webseiten gezielt geteilt werden, ohne dass der Hauptmonitor für die Teilnehmenden sichtbar ist. Durch einen analogen TimeTimer könnt ihr kurze Arbeitsphasen deutlich sichtbar auf eurem Schreibtisch überwachen. Viele Videokonferenz-Tools und Online-Whiteboards bieten zusätzlich integrierte Stoppuhren, die auch für die Teilnehmenden sichtbar sind. Wenn etwas schief läuft: Kommentiert, was ihr tut, um das Problem zu beheben, damit die Teilnehmenden nicht in der Luft hängen.

### 5.2.3 NACHBEREITUNG

Bevor ihr ein Meeting beendet, achtet auf mögliche Fragen oder Links, die sich noch im Chat befinden. Dokumentiert diese, um sie für eine Anschluss-E-Mail aufzugreifen. Die Arbeit mit Online-Whiteboards ermöglicht darüber hinaus, eure Workshop-Ergebnisse leicht zu dokumentieren, sodass Teilnehmende auch über den gemeinsamen Termin hinaus auf die Ergebnisse zugreifen oder Ergänzungen vornehmen können.

# ANHANG

## A. LINKS/BÜCHER/COMMUNITY

Die Design-Thinking-Methodologie ist ein Handwerkszeug, das sein Potenzial ganz besonders durch seine vielen Verwendungsarten entfaltet. Design Thinker von überall her geben der Methode jeweils ihre ganz eigene Farbe. Ausgehend von den Grundsätzen aus dem Kontext des Produkt- und Servicedesigns sind bis heute eine Vielzahl an Herangehensweisen und Strategien entstanden. **THINKIT** schöpft aus dem reichen Erfahrungsschatz der Design-Thinking-Community – Ehrensache, dass wir angehenden Coaches hervorragende Ressourcen aus Print und Web mit auf den Weg geben und unsere Inspirationsquellen teilen.


**BRENNER,** Walter, **NAEF,** Therese, **PUKALL,** Britta, **SCHINDLHOLZER,** Bernhard, **UEBERNICKEL,** Falk: *Design Thinking: Das Handbuch.* Frankfurt: Frankfurter Allgemeine Buch 2015.

**BROWN,** Tim: *Change by Design: How Design Thinking Transforms Organizations and Inspires Innovation.* New York: HarperBusiness 2009.

**DARK HORSE INNOVATION**: *Digital Innovation Playbook. Das unverzichtbare Arbeitsbuch für Gründer, Macher und Manager.* Hamburg: Murmann Publishers 2016.

**ERBELDINGER,** Jürgen, **RAMGE,** Thomas: *Durch die Decke denken: Design Thinking in der Praxis.* München: Redline Verlag 2013.

**KELLEY,** David, **KELLEY,** Tom: *Creative Confidence: Unleashing the Creative Potential within Us All.* New York: Harper Collins 2015.

**LIEDTKA,** Jeanne, **OGILVIE,** Tim: *Designing for Growth: A Design Thinking Tool Kit for Managers.* New York: Columbia University Press 2011.

**MARTIN,** Roger L.: *Design of Business: Why Design Thinking is the Next Competitive Advantage.* Boston: Harvard Business Review Press 2009.

**MEINEL,** Christoph, **PLATTNER,** Hasso, **WEINBERG,** Ulrich: *Design-Thinking.* München: mi-Wirtschaftsbuch 2009.

**MOOTEE,** Idris: *Design Thinking For Strategic Innovation.* New York: Adams Media 2013.

**SCHNEIDER,** Jakob, **STICKDORN,** Marc: *This Is Service Design Thinking: Paperback edition.* Amsterdam: BIS Publishers 2014.


**WEBSITE DER STANFORD D.SCHOOL**
*https://dschool.stanford.edu*

**DESIGN THINKING NACH IDEO**
*https://www.ideou.com/pages/design-thinking*

**METHODEN & WERKZEUGE (VON IDEO)**
*https://www.designkit.org*

**DAVID KELLEY: *KREATIVES SELBSTVERTRAUEN***
*https://www.ted.com/talks/david_kelley_how_to_build_your_creative_confidence?language=de*

**DESIGN THINKING (HASSO-PLATTNER-INSTITUT)**
*https://hpi.de/school-of-design-thinking/design-thinking.html*

**GRUNDLAGE & IMPLEMENTIERUNGSBEISPIELE**
*https://thisisdesignthinking.net*

**DESIGN THINKING IM LEHRKONTEXT**
*https://designthinkingforeducators.com*

## B. WWW.DESIGN-THINKIT.DE

Dieses Methodenset geht weit über seine gedruckte Version hinaus! Besucht das digitale **THINKIT** unter *www.design-thinkit.de.* Hier findet ihr neben nützlichem Design-Thinking-Wissen, -Neuigkeiten oder praktischen Links auch einen Überblick über alle Methoden und unsere **DO ~~not~~ COPY!** -Vorlagen (Rückseiten der Methodenbögen) in digitalen Formaten sowie Ankündigungen über unsere aktuellen Fortbildungen zum Thema.

## C. RAT & HILFE

Wir haben alle wichtigen, erprobten und uns treuen Methoden im Design **THINKIT** für euch zusammengestellt. Damit wollen wir allen Design-Thinking-Verbündeten, egal ob Einsteiger_in oder Profi, essenzielles Wissen und Werkzeug zum sofortigen Einsatz in der Praxis an die Hand geben. Wir ermutigen euch, einfach loszulegen, auszuprobieren, aus euren Erfahrungen zu lernen und das Set weiterzuentwickeln. Wir sehen es nicht als starres Dokument, sondern als Arbeitstool, das mit euren Fragestellungen und Herausforderungen zum Leben erweckt wird. Wir können es nicht oft genug sagen: Einfach loslegen! Wir wissen aber auch, dass es manchmal einen ersten »Schubser« braucht. Wir bieten euch deshalb verschiedene Workshop-Formate und Einzelcoachings an, um euch in die Welt des Design **THINKIT** einzuführen und die Stärke sowie das Selbstbewusstsein mit auf den Weg zu geben, eure eigenen Workshops erfolgreich zu konzipieren und zu coachen.
*www.berliner-ideenlabor.de // hallo@berliner-ideenlabor.de*

**AGILE**, eigentlich *Agile Methods*. Ein Ansatz vor allem aus dem Bereich der Softwareentwicklung, der durch Selbstorganisation der Teams sowie inkrementelles und iteratives Vorgehen ein schnelleres, agileres Vorgehen und so ein schnelleres Erreichen der Ziele verspricht.

**ARTEFAKT**, *das*. Gegenstand, der spezifische, durch gezielte Bearbeitung durch seine Erschaffer definierte Eigenschaften besitzt. Hier: ein Objekt, welches bestimmte Ideen oder Sachverhalte veranschaulicht.

**CHALLENGE**, *die*. Engl. Herausforderung. Eine klar formulierte Aufgabenstellung, oft mit vorgegebenem Zeitraum zur Lösung der Aufgabe und Format, in dem die Lösung präsentiert werden muss.

**CHECK-IN, CHECK-OUT**, *der*. Fragen, die zu Beginn oder zu Ende eines Workshops gestellt werden. Sie stellen das Persönliche in den Vordergrund, regen zum Reflektieren an und fördern das digitale Zusammensein.

**COACHING**, *das*. Begriff für die Tätigkeiten eines Coaches: Beratung bei der Lösungsfindung; in Abgrenzung zum_zur klassischen Berater_in liefert ein Coach keine Lösungsvorschläge, sondern berät bei Auswahl und Anwendung der richtigen Methoden zur Lösungsfindung.

**DENKMODUS**, *der*. Art und Weise zu denken, der einer bestimmten Geisteshaltung zugrunde liegt.

**DIGITAL FATIGUE**, *die*. Begriff, der die entstehende Müdigkeit und Erschöpfung durch steigende Mediennutzung und Teilnahme an Online-Veranstaltungen umschreibt.

**DIVERGENZ**, *die*. Begriff aus der Optik, der beschreibt, wie Strahlen von einem Punkt auseinanderlaufen. Hier beschreibt der Begriff die Vorgehensweise in einem Denkprozess, dessen Ziel es ist, von einem Punkt ausgehend ein möglichst weites gedankliches Feld abzudecken.

**ERKENNTNIS**, *die*. Eine unerwartete Einsicht, die eine Brücke zwischen Bekanntem und Neuem schlägt: Das Neue wird in das bestehende Wissen integriert und schafft so bisher unbekannte Sinnzusammenhänge.

**GENERATION Y**, *die*. Begriff für die Generation der in den 1980er- bis 2000er-Jahren Geborenen.

**HIPPO**, *das*. Abkürzung für „**H**ighest **P**aid **P**erson's **O**pinion" – beschreibt den Umstand, dass oft die Meinung der am höchsten bezahlten Person die meiste Zustimmung erfährt, ungeachtet der tatsächlichen Qualität der Aussage.

**INTRINSISCHE MOTIVATION**, *die*. Intrinsisch (lat. intrinsecus = inwendig) beschreibt den Ursprung der Motivation als von innen kommend. Die Motivation, etwas zu tun beruht auf der Einsicht, dass die Tätigkeit das Bedürfnis nach Selbstbestimmung befriedigt und durch Involviertheit in das Thema die Wirkung und Bedeutung des eigenen Handelns nachvollziehbar ist.

**ITERATION**, *die*. Der Prozess des mehrfachen Wiederholens des gleichen oder eines ähnlichen Arbeitsschrittes zur Annäherung an eine Lösung oder ein bestimmtes Ziel.

**KONVERGENZ**, *die*. Das Gegenteil von Divergenz. Hier beschreibt der Begriff die Vorgehensweise in einem Denkprozess, dessen Ziel es ist, nach Festlegung der Kriterien das gedankliche Feld der Möglichkeiten auf ein bestimmtes Ergebnis hin einzuengen.

**LEADERSHIP**, *das*. Menschenführung, die Gesamtheit aller Maßnahmen, die das Führen von Menschen in einem bestimmten Kontext, z.B. innerhalb einer Organisation oder eines Teams, erfordert.

**LEADERSHIP AS A SERVICE** beschreibt die Rolle des Leaderships in einem Zusammenhang, in dem sie die Funktion einer Dienstleistung erfüllt.

**LEAN STARTUP**, *das*. Ein Ansatz, nach dem eine Unternehmensgründung oder ein Produkt mit möglichst wenig Kapital, also möglichst schlank, auf den Weg gebracht wird.

**METHODOLOGIE**, *die*. Lehre der Vorgehensweise; der Vergleich und die Klassifizierung verschiedener Methoden.

**MENSCHENZENTRIERUNG**, *die*. Denkweise, bei welcher der Mensch im Mittelpunkt aller Entscheidungen steht, etwa bei der Entwicklung eines neuen Produkts.

**MINDSET**, *das*. Eine Mentalität, eine bestimmte Denk- und Verhaltensweise.

**MULTIDISZIPLINÄRES TEAM**, *das*. Team, das sich aus Personen mit unterschiedlichen fachlichen Kompetenzen zusammensetzt.

**NETIQUETTE**, *die*. Set an Grundregeln und Verhaltensweisen der digitalen Zusammenarbeit. Diese können je nach Format und Zielgruppe variieren, oder als Einstieg in einen Online-Workshop gemeinsam festgelegt werden.

**NUTZER**, *der*, **NUTZERIN**, *die*. Die Nutzer_innen sind diejenigen, die ein Produkt, eine Dienstleistung oder ein Angebot nutzen. Sie sind die Zielgruppe und ihre Bedürfnisse sind Grundlage für die Entwicklung eines Angebots, eines Produkts oder einer Dienstleistung.

**OFFENE PROBLEMSTELLUNG**, *die*. Beschreibt einen Sachverhalt, der gelöst werden muss und die Bedingungen, unter denen die Lösung gefunden werden muss, wobei das Ergebnis der Lösungsfindung offen ist.

**PARADIGMENWECHSEL**, *der*. Der Zeitpunkt, an dem sich die grundlegenden Rahmenbedingungen und/oder die technischen Vorraussetzungen für etwas ändern, z.B. die Entwicklung von Mikrochips in der Computertechnologie.

**PRODUKT-/SERVICEINNOVATION**, *die*. Die Erneuerung eines Produktes oder einer Dienstleistung, deren Ziel es ist, das bestehende Produkt oder die bestehende Dienstleistung zu verbessern.

**PROJEKT**, *das*. Längstes Design-Thinking-Format über mehrere Wochen, bestehend aus kleineren Formaten, wie Sprints oder mehrtägigen Schwerpunkt-Workshops. Im Projekt wird der Design-Thinking-Prozess mehrmals iterativ durchlaufen, bis eine passende Lösung erprobt wurde.

**PROTOTYP**, *der*. Ein im Kern funktionsfähiges, jedoch häufig vereinfachtes Exemplar eines geplanten Produktes, das zur Veranschaulichung und dem Testen des geplanten Produktes dient.

**PROTOTYPING**, *das*. Beschreibt den Vorgang des Entwurfs und der Herstellung von Prototypen.

**SCRUM**. Methode zur Produkt- und Softwareenticklung, bei der komplexe Aufgabenstellungen in überschaubare Einheiten aufgeteilt werden, um über zahlreiche Einzellösungen schrittweise das fertige Produkt zu entwickeln.

**SOZIOKULTURELL**. Beschreibt den Zusammenhang zwischen sozialen und kulturellen Gesichtspunkten von Gruppen.

**SPRINT**, *der*. Standardisiertes 5-tägiges Design-Thinking-Format, das die Teilhabe externer Expert_innen und Nutzer_innen zwingend vorsieht.

**SYNTHESEPROZESS**, *der*. Prozess, in welchem aus einzelnen Elementen durch Zusammenführen ein neues Produkt entsteht; hier ist gemeint, dass durch den Prozess der Synthese ein Ergebnis geschaffen wird, das größer ist als die Summe der Einzelteile.

**TEMPLATE**, *das*. Eine (Kopier-)Vorlage, die zur Bearbeitung gedacht ist.

**USER RESEARCH**, *die*. Das Forschen nach den Bedürfnissen des_der User_in, also des_der voraussichtlichen Benutzer_in, eines Produktes oder einer Dienstleistung.

**USER-RESEARCH-ARTEFAKT**, *das*. Ein Artefakt, welches die im User Research ermittelten notwendigen Eigenschaften besitzt.

**VISUAL THINKING**, *das*. Methode, bei der Inhalte und Sachverhalte visuell durch Zeichnungen, Diagramme und Symbole veranschaulicht und kommuniziert werden.

**WARM-UP**, *das*. Kurze Aktivierungsübung in Form von Gruppenspielen, Meditation oder Kreativitätsübungen. Dient dem Auflockern, Fokus Finden und einer dynamischen und produktiven Workshop-Atmosphäre.

**WORKSHOP**, *der*. 1–3-tägige Veranstaltung oder Kurs, der sich durch einen hohen praktischen Teil auszeichnet, in dem die Teilnehmenden bestimmte Themen selbst erarbeiten.

**WHITEBOARD**, *das*. Große Schreibtafel mit weißer Oberfläche zum Beschriften mit speziell abwischbaren Filzstiften.

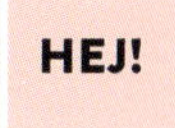


*Sind noch Fragen offen geblieben? Wende dich gerne an uns: hallo@berliner-ideenlabor.de. Jedes Feedback – egal, ob Lob oder Unklarheit, Zweifel oder Idee – ist herzlich willkommen!*

## ÜBER DIE AUTOR_INNEN

Wir Autor_innen Pascal Ackerschott, Katharina Böhnke und Hannah Robold sind Teil des Teams der Berliner Ideenlabor GmbH, einer Innovations- und Kreativberatung mit Fokus auf die Methoden Design Thinking, Future Thinking, Design-driven User Research und Visual Storytelling.

Als **BERLINER IDEENLABOR** werfen wir einen mutigen Blick in mögliche Zukünfte. Wir setzen Zukunftstrends in Beziehung zu den vielseitigen Kontexten unserer Kunden_innen, eröffnen neue Perspektiven auf aktuelle Entwicklungen und stoßen notwendige Diskussionen an. In Ko-Kreation schaffen wir Handlungsfelder für Strategieentscheidungen und Innovationsprozesse, die heute schon das Morgen prägen. Dabei fragen wir uns nicht, welche Zukunft auf uns wartet, sondern in welcher Zukunft wir leben und wie wir diese gemeinsam gestalten wollen. Gegründet von Katharina Böhnke, Timon Schinke und Pascal Ackerschott unterstützen wir als Berliner Ideenlabor vom Start-up bis zum Weltkonzern, methodisch ko-kreativ bei der Entwicklung innovativer Produkte, Dienstleistungen und Strategien. Darüber hinaus engagieren wir uns darin, neue Bildungs-Formate an Schulen und Hochschulen zu entwerfen.

**THINKIT** ist ein Gemeinschaftswerk und das geballte Design-Thinking-Wissen des Berliner Ideenlabors. Über den Verlauf von drei Jahren haben viele talentierte Autor_innen, Grafiker_innen und User Researcher Hand angelegt und einen methodischen Werkzeugkasten erstellt, der in zahlreichen Innovationsprojekten getestet und stetig verbessert wurde.

**PASCAL ACKERSCHOTT** ist Mitgründer und geschäftsführender Gesellschafter des Berliner Ideenlabors, Lehrbeauftragter an der Hochschule für Technik und Wirtschaft Berlin sowie regelmäßiger Gastdozent an der ETH Zürich. Als Kommunikationsdesigner und Design Thinker (HPI School of Design Thinking) liegen seine Beratungs- sowie Lehrschwerpunkte im Entwurf »positiver Zukunftsbilder« sowie der Entwicklung zukunftsfähiger Produkt- und Service-Innovationen.

**KATHARINA BÖHNKE** ist Mitbegründerin und geschäftsführende Gesellschafterin des Berliner Ideenlabors. Mit ihrem Background in Kommunikationsmanagement und Wurzeln in der Startup-Welt unterstützt sie als erfahrene Design Thinkerin Teams in strategischen Kreativ- und Innovationsprozessen und berät Organisationen in Fragen rund um das Thema Creative Leadership.

**HANNAH ROBOLD** ist Design-Thinking-Coach und leitende Designerin im Berliner Ideenlabor. Mit Fokus auf Illustration und Typografie begleitet die Kommunikationsdesignerin Kreativprozesse methodisch und gestalterisch – sei es durch Graphic Recording, Visual Facilitation oder die zeichnerische Umsetzung von Produkt- und Service-Prototypen. In lebendigen Bildwelten vernetzt sie Perspektiven aus Wissenschaft, Technik und Wirtschaft zu Szenarien des Morgen.

**THINKIT** bringt eine explosive Mischung an Methoden, die den Design-Thinking-Prozess unterstützen, in handlicher Form zusammen.
Wo auch immer euer Projekt steht, was auch immer ihr weiter damit vorhabt, nehmt euch **THINKIT** an die Hand: Egal, ob ihr den ganzen Weg begleitet werden möchtet oder einen neuen Impuls braucht, damit eure Projekte Fahrt aufnehmen. Für Einsteiger_innen bietet **THINKIT** jede Menge Kopiervorlagen, die viel Freiraum lassen, für Fortgeschrittene anregende Beispiele, um sich unsere Templates schonungslos anzueignen – schließlich ist kein Projekt wie das andere! Anhand der präzisen Anleitungen fällt die Auswahl und das Verstehen der Methoden ganz leicht, sodass dem Tatendrang nichts mehr im Wege steht.

**LASST EURE IDEEN WIRKLICHKEIT WERDEN!**